表达性心理咨询

理论与实践

李洁 著

北京出版集团
北京出版社

图书在版编目（CIP）数据

表达性心理咨询：理论与实践 / 李洁著 . — 北京：
北京出版社，2023.12
ISBN 978-7-200-18344-3

Ⅰ. ①表… Ⅱ. ①李… Ⅲ. ①心理咨询 Ⅳ.
①B849.1

中国国家版本馆 CIP 数据核字（2023）第245390号

表达性心理咨询
理论与实践
BIAODAXING XINLI ZIXUN
李洁　著

出　　版　北京出版集团
　　　　　北 京 出 版 社
地　　址　北京北三环中路 6 号
邮　　编　100120
网　　址　www.bph.com.cn
发　　行　北京伦洋图书出版有限公司
印　　刷　北京汇瑞嘉合文化发展有限公司
经　　销　新华书店
开　　本　787 毫米 × 1092 毫米　1/16
印　　张　17.25
字　　数　300 千字
版　　次　2023 年 12 月第 1 版
印　　次　2023 年 12 月第 1 次印刷
书　　号　ISBN 978-7-200-18344-3
定　　价　98.00 元

如有印装质量问题，由本社负责调换
质量监督电话：010-58572393

通往无意识的桥梁

在从事心理服务工作的30多年中，我实践过多个流派的方法，但我最青睐的还是艺术性表达技术，这里我们统称为表达性心理咨询。常有人问："别人都说表达性艺术，而你却要强调艺术性表达，为什么呢？"当我们说表达性艺术时，这个句子的核心词都是"艺术"而不是"表达"，那么难免造成咨询师在工作中去追求"艺术"而弱化"表达"。我说艺术性表达重在"表达"而非"艺术"，也就是说，在心理咨询工作中使来访者借助艺术媒材和不同方式"表达"，透视其内心世界，将其压抑的痛苦、愤怒等一切不希望住在身体里的负性情绪，无论是意识层面的还是非意识层面的，都借助媒材迁移到体外，借助艺术"创作"的方法"表达"出来直至释放，最终痊愈。在这个过程中，艺术只是一种媒介，表达才是目标。如此，我叫它艺术性表达。

记得2018年我在录制《爱幼星球》第一季时，每一期都会面对不同的"教养问题"，而我的任务就是要在现场"一招"将"问题孩子"搞定，更要让家长看见生命的需求。每一期我都会运用表达性心理咨询设计"爱幼实验室"的工作，而栏目组总会担心"结果"。但每一期录制结束，现场的工作人员和家长都会被表达性心理咨询彻底征服。可以说表达性心理咨询能帮助人们与自己的内心建立联系，无论长幼，不分性别；而咨询师通过艺术性表达技术聆听每个咨询者的故事并帮助他们，也让自己慢慢成长。那么，表达性心理咨询究竟是什么？多年来我一直无法用一句话给予它一个完美的定义。

表达性心理咨询是一种美学。30多年来，我一直运用多学科的理论知识，努力将表达性心理咨询做得"够味"。30多年来，我不曾放弃大自然赐予人类的灵性：善良和慈爱。坚信只有生命可以抵达生命！我们用生命去激活来访者，他们才会得以成长。"妈妈去世了，让泪流出来"就是灵性的实践，也是生命的对话，很美；"烦恼石"是使压抑的青少年在象征意义下讲述不曾被听见的故事，亦很美。

表达性心理咨询是一种"管道"。一般来说，沟通需要运用语言智能，然而面对语言能力尚且处于探索发展阶段的儿童，还有因病无法清楚表达的老年痴呆、抑郁和精神疾病患者，以及受到重大创伤无法表达的人时，一个替代语言表达内心情绪的方案和非语言的沟通技巧就显得尤为重要。表达性心理咨询恰巧为人们建立了一个通过媒材来表达情绪的"管道"，如我的瓶偶等个案故事，都是通过艺术性媒材叙说着故事，又进行了自我改造，让内心的能量开始转换。美国纳罗帕大学富兰克林博士（Franklin）指出："透过艺术媒材的运用，能改变生理与象征层面的潜力。"

表达性心理咨询是一种实践。很早以前人类已经把记号、花纹、图画等用作表达和交流的工具，也在某种仪式中使用，以期保护自己免受环境、动物及不可预知力量的伤害；20世纪30年代左右，国外的精神科医生开始运用绘画进行神经症治疗；在某些原始部落也依然把多种艺术形式作为治疗疾病和减轻身心压力的一种方式，如北美印第安部落纳瓦霍人结合歌唱、舞蹈和沙画，针对特别的疾病给予治疗。随着时代发展生活水平迅速提高，人们的压力也是与日俱增，伴随而来的精神困扰也越来越多，尤其是青少年的抑郁、焦虑、注意力缺失等心理困扰和困境。表达性心理咨询则是撬动上述症结的有力武器。所以，本书适合对心灵成长相关内容有需求的所有人士（无论是参加工作坊的学习，还是自学；是工作需要，还是家庭需要），特别对从事心理教育与服务的工作者来说，是一本有用的好书。它浅显易懂，如关于偶艺术的运用、绘画艺术的分析、游戏技术的实施等，讲述清晰，所需媒材易得；书中案例具有代表性，会让人有醍醐灌顶的"心动"感。这些正是本书最大的特色：一切技术源自科学理论，一切个案故事源自生活真实，一切方法简单易学。

需要说明的是：

1.本书在撰写过程中耿丹学院艺术性表达工作室的师生给予了巨大的帮助，在此对他们表示感谢。

2.本书收录的每一个案例都是真实的故事，故事的主人公使用了化名，如若与现实生活中的某个名字雷同，纯属巧合。

3.本书所举的每一个案例，都是用表达性心理咨询技术陪伴求助者成长的真实故事，并在故事后附有精简清晰的说明。

本书适合哪些人呢？

1.从事心理咨询工作或对心理咨询感兴趣的人。

2.从事儿童、青少年、大学生等团体辅导工作的人。

3.教育工作者。

4.人力资源工作者。

5.企业管理者。

6.亲子关系、婚姻关系需要改善者。

期待广大读者能用表达性心理咨询技术筑起通往无意识的桥梁。

李洁

2023年1月于北京

目 录

第一章

概说

艺术性表达

允许自由地释放

在这里，也许你会放弃

小心发展而来的伪装性语言

借由媒材

把真实心灵投射在纸上

第一节　艺术与艺术治疗

一、艺术治疗的起源

　　艺术是人类生命创造的调节心灵的产物，是人类发展史中历史最悠久和分布最广泛的精神文明表现形式之一。人类记载的艺术的历史可以追溯到史前的岩洞壁画和日用器皿上的花纹。人类学家总结，即使在一些传播文明不畅通的地区或者是科学不发达的地区也都拥有各自传统而独特的艺术形式和艺术活动，他们的艺术活动甚至比现代文明社会更为丰富。在探索研究原始文明的洞穴遗址时可以发现洞穴壁上彩绘的壁画；用骨头与象牙雕刻的十分精致的装饰品；原始土著部落中，样式特别的人体装饰品；人体彩绘和有装饰图案的陶瓷制品等也随处可见，且不同部位的饰物或不同颜色和形状的符号具有不同的功能和意义。人类学家指出，人类运用某些艺术形式来抒发自身情感的需求与以下5个方面的要素有关：一是人类有向外抒发情感的冲动和倾向，像诗歌和舞蹈这种艺术形式，它们都是模仿活动且有发泄情绪的作用；二是欣赏和审美所得到的快感；三是与他人互动交流传达情感的需要；四是提升自我和喜爱之物的价值，比如通过佩戴有象征意义的饰物来提升自身的地位等；五是宗教活动的需要，通过艺术形式来表现人与圣灵的沟通。

　　艺术不仅能沟通和表达情感，而且据文献记载，人类将艺术用于治疗也有着悠久的历史。先人们很早就洞悉了身体感知与心灵之间的互动联系，这就是一个有关心理治疗范畴的主题，并且大量使用了包括视觉意象和听觉意象在内的艺术元素，是非常有开创性的。

　　在中国古代文化里，我们的祖先已经开始认识到人的性格类型与自然山水之间有着一种关联。"天人合一"的思想使中国画常常将自然景物与人物融为一体，包括中国诗歌、书法、园林艺术等，都表现了人与自然的交流和内在精神。孔子说："知者乐水，仁者乐山。"（《论语·雍也》）因此，我们联想到自然景色对人的情绪、自我认知和自我定位都有一定影响。

纵观人类文明史，许多艺术家都在运用线条、色彩等视觉语言来表现与交流情感。比如西班牙超现实主义画家萨尔瓦多·达利的画作《那喀索斯的变形》，画面分为两部分，左边笼罩在金黄色光线中的那喀索斯正坐在水边，一头金色的秀发扎在脑后，他深埋着头轻触自己的左膝。他不像传说中那样，深情地凝视着自己水中的倒影，而是注视着自己的胸口，似乎要探究自己内心到底装着什么。达利在那喀索斯面前的水里，并没有画出完整的倒影，而是在图的右侧，绘制了一个几乎同样姿势的形象。这一形象如同洁白的冰雕，也像冷酷的大理石雕像，与沐浴着金黄色光线、柔和的那喀索斯形成一种强烈的对比，显得冷酷、沧桑，似乎是易碎的，而左侧图显得热烈、温柔。右侧图似乎要融化于金色光线中的那喀索斯在水中并没有镜像。

达利描绘了那喀索斯内心的另一个自己，像一尊纯洁的塑像。一个真实的自恋者，更爱自己内心存在的另一个自己。

我们再看达利的代表作《记忆的永恒》。这是一幅横33厘米、纵24.1厘米的"迷你"油画，以比较写实的手法描绘，表现出的却是一个梦境和无意识的世界。在达利的作品中，样子古怪奇特的"四不像"出现的频率还是很高的，我们不知道它们究竟是什么，从哪里来的，它们仿佛突然就出现在了无意识的世界。因为这是梦境的世界、非理性的世界，所以在这里什么都有可能发生。

在表现主观本能的情感方面，我们更要说说荷兰画家，后印象派的代表、表现主义的先驱——凡·高。个性强烈、感情洋溢的风格充斥着他的作品。在凡·高不到10年的创作时光中，他的画作始终极具个性，夸张扭曲的笔触和创作手法，强烈对比的色彩表达着内心深处孤独而又强烈的情感。凡·高无疑是极具创造力的画家，但他又是一名精神病患者，1890年在精神错乱中他选择了自杀。他的著名作品《乌鸦群飞的麦田》，是以黑暗的天空显示了精神状态，以通往不同方向的三条路展现了凡·高的困扰，乌鸦作为死亡和不幸的象征，在麦田上空飞翔表达了凡·高当时内心的悲凉和沉重，痛苦和挣扎。在这幅画中，仍然有着他那特有的金黄色，但画作却充满不安和阴郁感。画面处处流露出紧张和不祥的预兆，虽然画面色彩浓烈，但在祥和的麦田感觉不到宁静，在满是阳光的蓝天中飞过了久蓄心中死亡的影子化作的无尽的乌鸦，引着凡·高飞向他的蓝天。精神病学家曾把凡·高当作经典案例进行研究分析，试图探究艺术创造力与精神疾病之间的关系。

德国精神病学家和美术史论家汉斯·普林茨霍恩（Hans Prinzhorn）注意到表现主义的作品和精神病患者的美术作品具有某些形式上的相似性，于是他开始收集德国精神病医院内精神分裂症患者的美术作品，并试图以此来研究艺术灵感的来源。1922年，他出版了《精神病人的艺术表现》（*Bildnerei der Geisteskranken*）一书。普林茨霍恩认为，表达的冲动、游戏的冲动、装饰性的冲动、归类的倾向、模仿的倾向、象征的需要这6种基本的心理驱力或冲动决定了绘画构造的性质。普林茨霍恩第一次给予精神病患者的作品这种边缘化艺术形式及其创作者以积极的评价。

美国一群艺术家曾在一所精神病院当义工，教精神病患者画画。后来这些学习画画的患者的病情有了一定程度的好转，从而引起了精神科医师的极大兴趣。于是，艺术家与心理医师进行合作，艺术治疗从此展开。

二、艺术治疗的发展

艺术治疗是心理治疗的一种。一般心理治疗多以语言为沟通和治疗的媒介，而艺术治疗最为鲜明的特色就是使用艺术活动作为治疗的方式。

1880年，意大利精神病学家切萨雷·龙勃罗梭（Cesare Lombroso）对精神病患者和创造性能力之间的关系进行了深入的分析和研究，出版了《天才》一书。然后开始尝试在医院里通过对患者进行艺术活动治疗来疏解他们的病症和心理障碍。

19世纪末20世纪初，欧洲的传媒陆续报道了一些关于精神病院里的患者自发地开始进行艺术创作的新闻，这些患者似乎是不可控制地利用身边任何有可能进行创作的材料进行创作，让人惊奇的是这些被创作出来的作品往往具有很强的艺术表现力和视觉冲击力，并或多或少地暴露出他们内心深处隐藏的情感。这种情况和艺术家进行艺术创作的状态不谋而合，甚至许多伟大的艺术家本身也患有精神疾病，是被精神病症困扰多年的患者，但是他们在艺术创作时痴迷癫狂的状态就如一面镜子一样投射出内心深处的无意识，这些无意识迸发出来的思想的火花往往就如神来之笔。

同一时期，西格蒙得·弗洛伊德研究发现，艺术作品是创作者对自己冲突的内心世界的一种表达方式，通过无意识的加工在艺术创作中表现出来。继而卡尔·盖斯塔尔·荣格（Carl Gustav Jung）引导鼓励患者用艺术绘画的方法将自己的梦境记录下来。他相信患者只要通过图像将自己的心理活动表达出来，使一个心理问题或者无意识内容暴露，通过积极的想象对此加以分析，意识与无意识之间的关系就可以得到有效的调节。荣格所谓"积极的想象"可以和艺术家、发明家的创造性过程以及创造中的灵感相提并论。积极的想象是指当患者既不处于入睡状态中也不处于睡醒状态中时，在某个特别时刻，也就是当判断力被悬置但意识并未丧失的时候，刺激幻想的出现。

1921年，瑞士精神病学家瓦尔特·莫根塔勒（Walter Morgenthaler）出版了一本专著，讲述了他的一位精神分裂症患者的人生和艺术作品。一年后，从艺术史学家转变为精神科医师的汉斯·普林茨霍恩收集了许多来自不同国家精神病患者的艺术作品并出版成《精神病人的艺术表现》一书。在精神疾病与创造力的相关性研究史中，该书被认定为一部里程碑式的著作，在当时的先锋艺术圈得到了广泛关注。普林茨霍恩相信每一个人都有想要从事不同种类艺术活动的欲望和本能，即使是罹患精神疾病的人也是一样。

至于现代艺术治疗的创始人，领域内说法不一，但可以确定，在20世纪最早实践艺术治疗的国家是英国和美国。有人说艺术治疗的奠基人是美国精神病医生玛格丽特·南姆伯格（Margaret Naumburg）。作为弗洛伊德与荣格思想的追随者，她于1915年创立了学校，将艺术融入心理治疗中，为认识无意识提供了途径。有资料显示20世纪30年代，南姆伯格明确提出了"艺术治疗"（art therapy）这一概念，也有说她是在20世纪50年代开始使用"艺术治疗"，但准确信息无从考证。不过，无论怎样，在她的推动下，艺术治疗在美国逐渐发展起来，并且迅速延伸到各个发达国家。南姆伯格强调"分析"（analysis）和"动力"（dynamic）：通过自发的艺术表达方式来释放无意识，该方法源于医患之间的移情关系，以及对自由联想的激励。它与心理分析理论紧密相关……治疗效果取决于医患之间移情关系的发展，也取决于患者不断努力去解读自己那些具有象征意义的画品……这样就构成了患者与治疗师之间进行交流的形式；这些画品成为具有象征意义的语言。

但是英国人认为"艺术治疗"这个术语最早出现在20世纪40年代，是英国艺术家阿德里安·希尔（Adrian Hill）创造的。1942年，希尔患肺结核，他发现艺术有益于肺结核治疗，他自己的身体也是通过艺术创作逐渐康复的，于是他开始向病友们教授绘画和推荐艺术作品，以帮助他们恢复健康。后来希尔与英国红十字会图书馆合作，向更多病患讲解和传播其理念，其中包括因第二次世界大战遭受心理创伤的士兵们。透过绘画呈现这些伤员压抑在无意识中的情感与冲突，有助于他们恢复健康。希尔认为艺术治疗的价值"在于大脑完全沉浸于艺术中（而且手指也忙于其中）……（通过艺术）患者往往会释放出压抑在心里的创造力"。希尔暗示艺术治疗让患者具备强大的能力抵御自身的不幸。此后，希尔同医生兼艺术家爱德华·亚当森（Edward Adamson）将艺术治疗的方法引介到精神病院。亚当森是英国一家精神病院的艺术治疗项目小组成员，并在1946—1950年间独自负责该项目。直到1981年退休，亚当森一直从事艺术治疗的实践工作。30多年间，他帮助数百人借助艺术表达而病愈，共创造了约6万件作品，包含绘画、陶瓷、雕塑等形式。因为亚当森的贡献和先驱作用，他被称为"英国艺术治疗之父"。经过这一系列活动，艺术治疗队伍在英国逐渐壮大，"英国艺术治疗师协会"（BAAT）也于1964年成立。

尽管希尔和南姆伯格的艺术治疗有所不同，且这些方法也在日后被一些新方法所替代，但是他们开创性的工作有着重要的意义和深远的影响。即后世艺术治疗曾呈现为两种走向，一条是希尔倡导的"艺术等同于治疗"；另一条是南姆伯格所倡导的"在治疗中利用艺术"。前一种观点强调艺术过程就可以治病，而后一种观点强调艺术治疗师、患者和艺术作品三者之间的治疗关系，而且艺术治疗的动力往往呈现出如图1所示的三角关系。

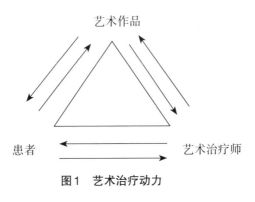

图1　艺术治疗动力

1948年，美国心理学家约翰·巴克（Buck. J）出版了关于房树人测验（HTP测验）的著作；1949年，职业顾问、心理学家卡尔·科赫（Karl Koch）以自己笔迹学研究的解析法为基础建立了树木画分析法，出版了《树木画测试》。

20世纪60年代，在南姆伯格及其他早期探索者，如艺术家伊迪丝·克雷默（Edith Kramer）等人的推动下，艺术治疗在美国逐渐发展起来，并成为全球艺术治疗之重镇。1950年，美国音乐治疗学会成立；1961年，艺术治疗领域的权威理论杂志《美国艺术治疗杂志》出版；1965年，美国舞蹈治疗联合协会成立。1969年，全国性的专业组织美国艺术治疗协会（American Art Therapy Association，AATA）成立，该协会负责协调全美的艺术治疗项目，组织年度的学术研讨会。这标志着艺术治疗作为一种心理疗法的地位得到确立，可谓美国乃至全世界艺术治疗发展的里程碑。该协会也使得艺术治疗范围不再局限于心智残障者和特殊儿童，而扩展为所有人，成为帮助他们追求自我、实现自我、完善自我的一种积极有益的成长途径。

20世纪80年代，美国著名的艺术理论家鲁道夫·阿恩海姆（Rudolf Arnheim）在他的艺术心理学中把"作为治疗手段的艺术"作为艺术民主化的一个新进展。他认为过去只是取悦少数人的属于贵族阶级的艺术，应该随着民主的发展，为每一个人而服务，每一个人都可以是艺术家，每一个人也都有创作艺术的权利和能力并可从中获益。这种信念使艺术教育及艺术欣赏有了可能性。他号召艺术必须为现实的人类服务，它应该变得更丰富和有成效。而艺术治疗就是其中一个典范。

1992年初，第一届国际艺术医学大会在美国纽约召开，标志着"艺术医学已经进入一个具有历史意义的新阶段"。

21世纪的今天，艺术治疗在欧美国家已经相当盛行，并被广泛应用于教育与心理治疗领域。美国有超过50所学校提供艺术治疗的研究生课程，美国艺术治疗协会有非常完善的艺术治疗体系和支持。英国艺术治疗师协会对艺术治疗师的执业培训和认证也有着明晰的课时要求和明确的规定。在中国内地及港澳地区，艺术治疗已经发展成为社会服务，应用于教育、医疗以及其他许多领域。特别是近20年，艺术治疗方面的研究文章如雨后春笋一般，数量激增，研究者有学生、领域专家及医疗人员等，他们所利用的艺术手段多种多样，如绘画、音乐、雕塑、陶艺、戏剧等；治疗面涉及心理、精神、癌症、手术康复、儿童自闭和老年有关的病症等。艺术治疗已经从早期的偏理论层面的心理分析发展到了如今日趋成熟、多措并举的时代。

第二节 表达性心理咨询

查阅文献，可以看到诸多与表达性治疗相关的术语，如表现性分析、心理美学、表现性疗法、图解格式塔、表现性艺术治疗等等。根据多年对表达性心理咨询理论与实践的探索，加之长期从事心理服务、人才培养工作累积的实践经验，本书的研究和内容着眼于以可操作的艺术性表达为主的心理咨询形式。这里所说的表达性心理咨询多指通过艺术媒材和艺术性方法表达的心理咨询。

那么，究竟什么是表达性心理咨询呢？

一、正名

表达性心理咨询是一种通过多元艺术媒材进行心理咨询或疗愈的方法。它以不同的艺术表现形式为传播媒介，如音乐、绘画、雕塑、戏剧、游戏等，使个体在运用艺术媒材创作的过程中经历自己的生命故事，表达内心世界。这是一个把抽象概念转化到生活具象的过程，个人借由艺术表现的穿透力，实现平息内心情感冲突、缓解焦躁以及忧郁、整合人格并建立强健的内心世界，最终达到自我和解。其本质是合理地将艺术表现与心灵疗愈有机地融合，完成心理咨询或得到康复。

多年来，我们时常看到这样的词汇，如表现性艺术治疗、表现性艺术或表达性艺术治疗，无论是哪种名称，"表达"都是艺术的定语，核心词则是"艺术"。如果"艺术"是核心词，那么强调的是"艺术"而不是心理咨询需要的"表达"。我们认为这种模式只是借助多元艺术媒材和表达形式，其目的是心理情绪的移除——将无意识或内心压抑的负性情绪表达出来并祛除，因此，我更愿意将该方法称为"表达性心理咨询"。

二、表达性心理咨询的分类

运用艺术形式去表达内心世界，从而疗愈心理问题，需要满足两个基本条件：一是来访者相信艺术表现形式具有一定的疗愈功能；二是来访者参与整个体验过程。同时，工作者需要具有心理学、教育学、语言学、哲学、社会学等的理论基础。也就是说，进行表达性心理咨询需要经过多学科理论的融合与整合。在这个过程中，个体能将所表达的思想和情绪关联到过去及现在的事件，甚至投射到未来，来访者也可以将发生在不同时间、不同地点的不同事件，甚至相互矛盾的情感在同一个"艺术作品"中展现。因此，表达性心理咨询突破了来访者的年龄、语言、认知范围与艺术创造力的限制，尤其对于无法或者不善于进行语言交流的人具有独特的优势。

我们根据工作过程中采取的艺术形式可以把表达性心理咨询分为以下4类：

（1）绘画投射类。绘画是一种可以抒发情绪的工具，可以把自身最深层、最真实的想法反映出来，是把思维意识具象化的操作，包括树木画、房树人画、雨中人画、曼陀罗画、主题绘画、自由绘画等。

（2）材料制作类。这是一种运用各类艺术媒材进行创作的疗愈方式。来访者在创作的过程中，把思想、情感和故事都转移到"作品"中，并得到一些与之相关的感悟和体验，甚至还会获得一系列新的心理意象。它包括偶、面具、拼贴等。每一件作品都是来访者内心世界的反映。

（3）音乐表演类。它利用音乐自身所具有的物理、生理以及心理上的疗愈功能，采用各种音乐元素和预先准备好的程序去促进内部沟通与联结，使来访者在一个相对安全且轻松的氛围中做出最真实的表演，并将这种"表现"去代替生活中的种种压力，包括音乐冥想、音乐舞动、器乐演奏、心理剧表演等。

（4）艺术游戏类。这是一种根据咨询目标，借助艺术媒材设计游戏并在游戏互动中，帮助来访者疗愈心理障碍和不良行为的方法，包括沙盘游戏、表达性游戏等。

表达性心理咨询形式多样，书籍容量有限，很难"一网打尽"。因此，本书将咨询常见形式和易于工作者以及自学者操作的部分做重点讨论。

三、表达性心理咨询的要素

表达性心理咨询与一般"晤谈"式咨询不同，因为在表达性心理咨询过程中会使用不同类别的媒材，因此对咨询室和心理咨询师（以下简称咨询师）都有特别的要求：

（1）咨询室。这是来访者和咨询师共同工作的场所，除了满足传统的咨询室所要求的安静、温馨、安全等条件外，还要有相应的分区和活动空间，比如安静活动区（用于绘画、制作等）、动态游戏区（用于舞动、互动等）、作品展示收纳区（用于作品展示和收纳）和团体活动区。这里是来访者与咨询师进行交流的场域。

（2）咨询师。表达性心理咨询的特殊性要求咨询师技法精湛，有清晰的思维逻辑，较强的判断力、口语表达能力以及即兴创作能力。这样在初步探询中即可判断并选择使用适合来访者的媒材和艺术形式。

（3）艺术媒材。根据表达性心理咨询形式的不同，需要的艺术媒材也不同。比如绘画投射类咨询模式需要铅笔、签字笔、彩色铅笔、水彩笔、颜料以及不同尺寸、质地和颜色的纸张等；材料制作类咨询模式需要针线、各类布料、填充物、卡纸、双面胶、剪刀等；音乐表演类咨询模式则需要适宜的乐器和音乐（用于冥想、舞动等）；艺术游戏类咨询模式需要有树木、房间、路桥、人物、车辆、武器、动物等玩具以及相关材料。这些艺术媒材在咨询过程中很有作用，在来访者的世界中象征着某种情感和记忆。

（4）作品收纳。这里所说的"作品"是来访者在咨询室创作出来的或前来咨询时带来的在家里完成的"作品"，可能是一幅画、一个面具、一件雕塑或者用玩具拼出来的一个场景等，它是来访者与咨询师进行交流的桥梁，也是来访者艺术创作过程中的感悟和体验，借此表达内在情感、故事和内心世界，或是新的心理意象。因此，咨询师要在工作过程中认真对待每一件作品，并征询来访者的意见，是否在展示区展示或留存。如果作品不能留存在咨询室，建议咨询师拍照保存，以便更好地帮助来访者或分析来访者的转变情况。

表达性心理咨询的魅力在于它是一种心象思考，常常能激发想象创造灵感，促进创造力及洞察力的产生，同时也可以使人降低防卫，在不知不觉中把内心的真实想法表达出来。当然，表达性心理咨询工作也离不开人类最基本的沟通工具——语言，但是语言在此已不是心理咨询模式里的"主菜"，而是"配菜"。咨询期间进行的艺术活动为来访者创造了一个安全、自由、受保护的空间，且有趣、轻松，对来访者也没有过多的要求，他们内心的抵抗和防御自然会降低，很容易进入状态，从而呈现真实的自我。

四、表达性心理咨询模式

表达性心理咨询模式是心理咨询的一个分支，但由于其是借由艺术媒材创作完成体验、表达、感悟、探索、转化并改善的过程，因此与依靠语言表达和沟通、探索、转化的工作结构略有不同。大致单次工作可分为4个阶段。

阶段一：探询与概念化。当来访者开始接受咨询时，咨询师要进行信息收集，包括个人基本信息、生理信息、成长过程和养育者信息、家庭关系和暴力情况、人际交往情况等，特别需要注意的是生理信息，包括是否足月顺产、是否有家族过敏性疾病、母亲是否在孕期服用过安胎药等。比如一个被祖辈照料养大的剖宫产注意力缺失症患者和一个在暴力家庭或被忽视的家庭长大的注意力缺失症患者，需要的艺术媒材是不一样的，前者是前庭觉不良所致，而后者是内在负性情绪所致。如若信息采集不完整，个案概念化就会跑偏，那么选择艺术媒材和咨询方式就会有偏差，导致工作效果不佳。这一过程也是咨询师与来访者建立同盟关系的机会，来访者只有对咨询师产生了信任感，才会开启探索并积极挖掘自己的内心世界。

阶段二：艺术创作活动。当来访者开始进行表达性心理咨询工作时，咨询师要向来访者介绍和讲述艺术媒材与咨询过程的工作等，让来访者熟悉和适应咨询室的环境并了解艺术媒材的使用。艺术创作过程是再现生活经验和体验的真实表现，也是和自己的内心自然交流，甚至比文字的表达更深入。咨询师需要在一旁专注并安静地观察，通过来访者选用材料的色彩、绘画工具的硬度、道具的外形、沙具的选择等与来访者进行无声的沟通。

阶段三：讨论与探索。表达性心理咨询过程不是用语言表达自己的感受。众所周知，当我们进行绘画、音乐等工作时，我们的右脑在阐释我们对生活的感受、对世界的认识和随之产生的情绪。因此，来访者完成作品后，咨询师需要倾听来访者的心声，并与其进行"作品"讨论和情感探询，让创作过程的感受和右脑产生的意象被左脑识别，并转化为语言，触摸心灵的真实感受。

阶段四：鼓励并结束。一次咨询的结束意味着来自"灵魂深处的声音"被听见，无论怎样的声音，无论声音的强与弱，咨询师都要对来访者的"作品"给予肯定，对来访者积极探索的态度给予肯定，对来访者愿意共同工作的精神给予肯定，使其带着愉悦的心情和创作的成就结束本次咨询。

实践证明，表达性心理咨询模式已经成为近年来心理咨询和治疗领域发展最快、最受全年龄层来访者青睐，也是疗效显著的主流工作方式之一，正被越来越多的心理服务工作者和心理学爱好者采用。

五、表达性心理咨询的适用对象

世上没有灵丹妙药，没有任何一个技术"包打天下"。所以，心理学才会发展出多个流派。而每一个流派有着不同的适用范围，只不过在众多流派中，有的适用范围广一些，有的小一些。那么，表达性心理咨询也有它比较适合的疗愈对象：①对心理障碍患者有一定的治疗作用，如精神分裂症、边缘人格、强迫症、酒精中毒、抑郁症、双向情感障碍、神经症、注意力缺失症患者等。②对不善语言表达的人群有较好的帮助，如儿童、语言障碍者等。③对生理疾病患者有较好的辅助治疗，如帮助患者应对癌症，缓解患者自暴自弃、恐惧、抑郁和焦虑的心理，帮助患者建立求生康复的动机。

第三节　心理测验

一、心理测验的定义

心理测验（mental test）是通过观察人的少数代表性行为，对贯穿在人的全部行为活动中的心理特点做出推论和数量化分析的方法。换句话说，心理测验是一种心理测量的工具，对看不见、摸不着的心理活动进行测量，因此，在心理咨询中能帮助咨询师了解来访者的情绪、行为模式和人格特点等。有了测验的结果做参照，心理辅导和咨询就变得有据可依，心理服务人员不再以臆想去分析、以经验做判断，而是科学地进行心理疏导，因材施教。

二、心理测验与心理评估

心理测验会用量表作为工具进行测验，对个体的行为描述加以量化，包括对个体的心理困扰和行为问题做出诊断评估，为个体行为进行解释和提出解决问题的方法及建议。而心理评估是指根据心理测验或其他方法所搜集的资料信息，按照一定的标准，对这些资料信息做价值判断的过程，也就是说心理测验是一个过程，而心理评估是一种结果。

心理测验是心理评估的基础和手段，而心理评估是心理测验的目的和结果。

三、心理测验的分类

按测验的功能分类，可将心理测验分为智力测验、特殊能力测验和人格测验。智力测验的功能是测量人的一般智力水平；特殊能力测验的功能是测量个人特殊的潜在能力，如机械记忆等；人格测验是测验性格、气质、动机、品德等方面的个性心理特征。

按测验材料的性质分类，可将心理测验分为文字测验和操作测验。文字测验通过文字材料来实施测验；操作测验也称非文字测验，多为对工具和模型的辨认操作。

按测验的方式分类，可将心理测验分为个别测验和团体测验。

按测验材料的严谨性分类，可将心理测验分为客观测验与投射测验。客观测验通常意义明确，不需要被试者发挥想象力；而投射测验，要求被试者凭自己的想象力做出反应，而在此过程中，投射出被试者的人格和情感等。

树木画测验就属于投射测验。但在所有的测验活动中，一般是把测量出来的主要数据作为心理咨询和辅导的参考，以便咨询师制订出更好的工作方案。

四、三大投射测验

（一）投射与投射测验

"投射"一词最初来源于弗洛伊德对一种心理防御机制的命名，是指个人把自己的思想、态度、愿望、情绪或特性等，不自觉地反应于外界事物或他人的一种心理作用，这是一种人类行为的深层动力，是个体自己意识不到的。投射技术正是利用这个原理将深层的意识激发出来，以了解个体的人格。

投射测验是一种特殊的人格测评技术，是测验者让被试通过一定的媒介，建立起自己的想象世界，在无拘束的情境中，显露出其个性特征的一种测验方法。测验中的媒介，可以是一些没有规则的线条，可以是一些有意义的图片，可以是一些有头没尾的句子，也可以是一个故事的开头，让被试来编故事的结尾，或是请被试画一幅图，等等。也就是说，投射测验是根据一个人对模糊的或非结构化的刺激的解释来推论他的动机、想法、知觉和冲突的一类心理测验。

对于投射测验来说，刺激情境并不重要，它只是一个启动器，个体的反应是由此情境唤醒的内心人格世界的表现，投射出个体内在的需要和状态。

（二）投射测验的特点

投射测验有以下三个特点：

（1）测验所使用的刺激材料没有明确结构和固定意义，被试有广泛自由的反应方式。此类测验一般只有简短的指示语，刺激材料意义模棱两可，其结构和意义完全由被试决定，这样才能投射出被试的人格特点；反应的自由性可保证反应资料的丰富性，但这恰恰给计分带来困难。

（2）被试反应自由，无正确错误之分。投射测验的测量目标具有隐蔽性，被试不知道他的反应如何解释，因此减少了伪装的可能性。

（3）主要反映人格倾向和情感状态，在不同程度上反映认知过程和风格。投射测验的解释具有整体性的特点，可同时测量几个人格特质，目的在于了解整体人格及各特质间的关系。

（三）投射测验的不足

投射测验与结构式的量表测验相比，有很多优势，比如量表容易有虚假回答，而投射反映的是无意识的真实写照；量表编制较困难，而投射测验的准备工作相对简单；等等。但是投射测验也有不足：一是非结构性和反应的自由性，给计分带来了相当大的困难；二是投射测验往往信度和效度较低。在未来的工作中，投射测验结果还有待量化研究。

（四）三大投射测验

世界上最著名的投射测验是罗夏墨迹测验、主题统觉测验和绘画测验。

1.罗夏墨迹测验

罗夏墨迹测验（Rorschach Ink-blot Test，RIBT），是瑞士精神病学家赫尔曼·罗夏（Hermann Rorschach）于1921年创制的。罗夏是首次提出并应用人格评估投射技术的人。

测验共由10张墨迹图组成，其中5张黑白图片，3张彩色图片，2张由红黑两色构成的图片。

罗夏墨迹测验的进行可分为以下4个阶段：

第一阶段：自由反应阶段。在这一阶段，主试向被试提供墨迹图，一般的指导语是"你看到或想到什么，就说什么"。应避免一切诱导性的提问，只是记录被试的自发反应。主试不仅要尽量原原本本地记录被试的所有言语反应，而且也要细心留意被试的动作和表情并做记录。此外，要测定和记录被试看到图片之后到做出第一个反应的时间，以及对这一张图片反应结束的时间。

第二阶段：提问阶段。这是确认被试自由反应阶段所隐藏的想法的阶段，主试以自由反应阶段的记录材料为基础，通过提问，以清楚地了解被试的反应利用了墨迹图的哪些部分，以及得出回答的决定因子是什么。

第三阶段：类比阶段。这是针对提问阶段尚未充分明白的问题采取的补充措施。主要是询问被试对某个墨迹图反应所使用的决定因子，是否也用于对其他墨迹图的反应，从而确定被试的反应是否有某个决定因子的存在。

第四阶段：极限测验阶段。当主试对被试是否使用了某些部分和决定因子还存在疑虑时，加以确认。在测验过程中，主试以记号对各种反应进行分类，并计算各种反应的次数，以便在绝对数、百分率、比率等方面进行比较。

该测验属于个别测验，每次只能测验一人。施测时，主试要记录被试的语言反应，同时还要注意被试的情绪表现和伴随的动作。通过分析被试做反应时所使用的墨迹部位、反应依据、反应内容等，来发掘被试潜藏的无意识动机和欲望。

优点：主试的意图目的藏而不露，这样可以创造一个比较客观的外界条件，使测验的结果比较真实、客观，对心理活动了解得更加深入。

缺点：分析比较困难，需要经过专门培训、经验较丰富的主试。

2.主题统觉测验

主题统觉测验（Thematic Apperception Test，TAT）是由美国心理学家默里（H.A.Murray）与摩根（C.D.Morgan）于1935年为性格研究而设计的一种测量工具，该方法属于投射技术，所用材料比罗夏墨迹测验的结构性更强；其理论支持是以默里的"需要—压力"理论为基础。需要（内在刺激）和压力（外在刺激）相互作用的行为单位，即刺激情景和需要之间的联系，如果二者关系协调，个体心理就平衡，如果二者关系不协调，就会导致冲突，通过主题可以分析人的需要。全套测验包括30张比较模糊的黑白人物卡片和1张空白卡，图片内容多为人物，也有部分景物，不过每张图片中至少有一个人物在内。

30张图片分为4组，以14岁为年龄分界，分别是成年男性组（M）、成年女性组（F）、儿童男性组（B）和儿童女性组（G）。有的图片适用于所有的受测者（只用数字表示顺序号），每组测验为20张图片，其中一张是空白图片。每一被试测验两次，每次用10张图片。前10张图片的画面比较具体、接近现实，适合于开始阶段，用于了解家庭、人际关系等方面的内容；后10张图片的画面比较抽象、超现实，适合于后测，可能会探查出受测者的内心冲突等更深层的心理内容。该测验要求被试根据图片讲故事，被试讲故事时会将自己的思想感情投射到图片中的"主人公"身上。主题统觉测验有许多记分和解释的方法，每种方法均与编制者对人格的理解有关。同时，主题在不同图片中的持续性和反复操作也是值得注意的因素，因为它们都可反映一个人的人格特点。

该测验不同组有不同的指导语：

A组：适合智力正常及有教育经验的青少年与成人。

这是一个想象力的测验。我将让你看一些图片，每次一张。你的任务是对每张图片编出一个故事，越生动越好。要说出是什么引起了图片上的事件，此时发生了什么，人物在想什么，感受怎样，以及结果会怎么样。想到什么就说什么。听懂了吗？你有50分钟来完成10张图片，所以每个故事可以有大约5分钟时间。现在是第一张图片。

B组：适合儿童、教育程度低的成人以及精神病患者。

这是一个讲故事的测验。我将给你看一些图片。我希望你根据每张图片说出以前发生了什么和现在发生了什么。还要说出人物在想什么，感受怎样，以及结果会怎么样。你可以随便按你喜欢的方式来讲故事。听懂了吗？好，现在是第一张图片。你有5分钟来编一个故事。看你讲得好不好。

优点：比起罗夏墨迹测验，主题统觉测验的优势在于被试自由度较高，不受限制，可个性化回应。此外，测验材料是图片，对没有阅读能力或文化水平较低的被试以及儿童进行测验困难较小。

缺点：没有标准化的施测规程，临床上只是根据被试的年龄、性别等特征而使用指导语；同时也存在着时间成本高，对结果解释偏主观和信效度问题。因此，它的科学性和严谨性仍待提高。

3.绘画测验

绘画测验（Drawing Test）包括画人测验（Draw A Person）、画树测验（Draw

A Tree）和房树人测验（House-Tree-Person，HTP）等，要求画出的内容有很多种类。绘画测验是绘画者通过绘画的创作过程，利用非语言工具，将无意识压抑的感情与冲突呈现出来，主试通过画品解读被试心灵密码，剖析困扰人们的"症结"。绘画测验是心灵的非语言表达方式，目前在心理咨询服务中使用较多的是房树人绘画分析和曼陀罗绘画分析。

优点：①主试的意图藏而不露，这样可以创造一个比较客观的外界条件，使测验的结果比较真实、客观，对心理活动了解得更加深入。②被试自主操作，不易受他人影响。绘画测验测的是无意识内容，每一幅画品本身都是对个体无意识的"投射"，都是对压抑的自我的释放，他人无法操纵。③操作简单、方便，来访者不易产生抗拒。和问卷调查相比，绘画是非语言工具，绘画过程使被试感到轻松，容易接受，没有压力。④不受文化水平影响。绘画过程没有文字问题，不受文化水平和教育背景的影响，尤其在跨文化研究中被广泛采用。

缺点：①分析比较困难，主试者需要经过专门培训。②没有常模，分析的精准度取决于咨询师的技术水平。

五、心理测验的应用原则

1.标准化原则

所谓"标准化原则"包括：标准化工具、标准化指导语、标准施测方法、固定施测条件、标准计分方法、代表性常模。

2.保密原则

保密涉及两个方面：一是测验工具的保密；二是测验结果的保密。任何一个心理测验的编制都是非常复杂的，是很多人经过多年辛勤工作的成果。一旦测验失去其价值，这些编制者的工作也就毁于一旦了。

3.客观性原则

尽管测验结果有一定的预测性，但不能依据一次测验结果来下定论。其客观性是指测验的所有步骤必须标准化，即指导语、施测过程和评分系统必须按照标准化的程序进行。

小 结

1.表达性心理咨询是一种通过多元艺术媒材进行心理咨询或疗愈的方法。个体借由艺术表现的穿透力，实现平息内心情感冲突、缓解焦躁以及忧郁、整合人格并建立强健的内心世界等目标，达到自我和解。

2.表达性心理咨询分为4类：绘画投射类、材料制作类、音乐表演类和艺术游戏类。

3.投射测验是一种特殊的人格测评技术。比较有影响的投射测验有3种，即罗夏墨迹测验、主题统觉测验和绘画测验。目前，在心理咨询服务中使用较普遍的是绘画测验中的房树人绘画分析和曼陀罗绘画分析。

思考与讨论

1.你对艺术治疗有怎样的看法？

2.为什么投射测验不受文化水平的影响？

3.你是否接触过投射测验？

（1）如果接触过，请分享一下测验过程和感受。

（2）如果没有接触过，谈谈你此刻的看法。

第二章

绘画投射分析

紧闭的房门

树干上的疤痕

意识与无意识的对话

打破了一切防御

在线条中

透视着内心

第一节　绘画投射分析的发展与革新

一、心理咨询的流派

绘画用于心理咨询与治疗是艺术治疗最早的形式之一。早在18世纪，大师们就发现儿童在绘画中表达情绪。到了19世纪初，精神分析流派对绘画分析的实践和推动，使得绘画终于成了心理咨询领域最受欢迎的咨询方式之一。

众所周知，心理咨询与治疗的流派有许多种，各流派的观点也是各有千秋。比如，最早的流派构造主义（Structuralism），创始人是威廉·冯特，其学生铁钦纳将其发扬光大。该流派主要研究意识是由什么元素构成的，也就是试图把意识当成化学分子式来分解。其他一些比较有影响力的流派有，机能主义（Functionalism），由美国心理学之父威廉·詹姆斯创立。这个流派与构造主义针锋相对，他们主张把意识看作流动的水，不可能一块块分割开来研究，比较重视意识的作用而非组成。格式塔学派（Gestalt theorie），代表人物韦特海默、苛勒和考夫卡等。格式塔学派的重要观点是整体大于部分之和，主张对心理学的研究要从整体来看待，不可割裂各个元素。19世纪末，弗洛伊德创建了精神分析（Psychoanalysis），与其弟子阿德勒的个体心理学和荣格的分析心理学统称为心理动力学派。这个学派的最大贡献无疑是对无意识（Unconsciousness）的发掘，而吸引公众眼球的地方无疑在于弗洛伊德的力比多（libido）概念，即人类生而具有的驱使个体寻求性欲快乐的力量；荣格还提出了"集体无意识"。这个学派能将人"分析"得"透彻"，但时间成本和财务成本皆较高。再后来对心理学界影响最大，几乎统领了心理学近半个世纪的学派当数行为主义（Behaviorism），由约翰·华生创立。行为主义最早的主要观点是要"研究看得见的行为，不去研究不可捉摸的意识"。其后将行为主义真正发扬光大的人是巴甫洛夫和斯金纳。虽然巴甫洛夫并不是心理学家，但他发现条件反射，从而开辟了高级神经活动生理学的研究。而斯金纳通过鸽子啄食的模拟得出的操作性条件反射理论，为心理学在社会领域的应用开拓了渠道。我们如今的各种奖惩制度就是这套理论的贡献。第二次世界大战以后，奈塞尔等人突破了旧的体系，开创了"认知心理学"；马斯洛、罗杰斯等人提出人本主义（Humanism），重视人本身的主观能动性，认为人是可以主动追求幸福的，而不是被无意识或者环境强化影响所支配。

二、意识与无意识

综观心理咨询的发展，各种理论和流派形形色色，每一个理论流派都有其适用的咨询技术。各流派大多都关注到意识与无意识的问题，这正是发生心理冲突的重要原因。因此，我们就不得不谈及意识和无意识。

众所周知，弗洛伊德认为人的心理包含两个主要部分：意识和无意识。意识是我们可以察觉到的，比如推理、记忆、思维、活动等，换句话说，我们知道我们在做什么、说什么、要什么。而无意识是察觉不到的，它虽然是人类心理结构的组成部分，但它是人们意识不到的心理活动。因此，弗洛伊德把心理结构比喻为一座冰山，浮出水面的代表意识，而埋藏在水面之下的部分则是无意识。他认为人的言行举止，只有少部分是由意识控制的，其他大部分都是由无意识所主宰的，而且人们毫无察觉。也就是说，人的本能冲动以及被压抑的某些欲望，因为不被社会规则所接受，而无法直接表达出来，就被压抑到无意识中。但这并非表示欲望消失了，而是住在身体里，按照自己的方式"活着"，一旦某一天的某一件事触碰到它，它便会跑出来。

荣格认为无意识包括个体无意识和集体无意识。个体无意识不只是通过压抑产生的，我们无法意识到的或无法接受的事情，也会把它隐藏到无意识之中。个体无意识同意识一样，是个体生活中极重要和真实的部分，是自己思想的组成部分。个体无意识来自"集体无意识"（见图2）。集体无意识具有超个体的集体性质，它是种族共同心灵的遗留物，它超越了文化和时间的界限。它不是个体在后天经验中获得的，而是本能的遗传。这种遗传既包括生物学意义的遗传，也包括历史文明的沉淀，"种族的记忆"及"原始的意象"等。荣格认为集体无意识由原型和本能构成，集体无意识囊括了人类进化的整个精神遗产。比如神话传说和童话故事就是集体无意识内容的投射。所以，

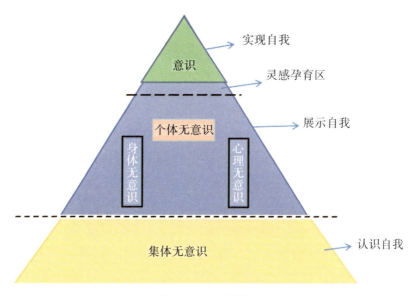

图2　意识层次图

荣格认为集体无意识是全人类普遍所具有的，会传给后代，但它的内容却从未被意识到。

　　然而，在无意识和意识之间有着重重的阻碍，这些阻碍就是我们说的防御机制。防御机制的运用更多的是平衡自身与外界以及自身与被压抑的无意识。也就是说，防御机制其实是让个体更好地适应外界，是让压抑的本能冲动和欲望换个被允许的方式表达出来。意识有时候是人刻意为之的，因为人的主观能动性受到教育、社会公德等因素的影响。而无意识是人内心的真实想法，也许是想了很久的真实表达，也许是真实的经验积累。有时候有些人也会说跟着感觉走，其实也是一种内心无意识的表达，或者说顺其自然也是无意识的表达方式，无意识给予的答案往往是内心最真实的情感，如果有意地用意识加以干扰，那得到的结果可能事与愿违。

　　人类生活中的重大决定，通常所表达的都是意识中的愿望，以及合情合理的意愿，但却很少涉及本能和其他一些神秘的无意识因素。因此，心理咨询的每一种方法的使用，都是为了帮助求助者接近无意识，接触真实的无意识。

三、绘画分析的发展

大多数咨询师在做个案的时候，面临的困境就是来访者说的其实不是他真正想表达的，很多时候都是"藏着掖着"。研究证明，绘画恰恰是集体无意识的表现，而且是非常直接的表现，比语言更接近无意识。因为绘画是人类最古老的表达思想和抒发情感的活动。根据荣格集体无意识理论，绘画主要是无意识指挥完成绘画作品。绘画创作者的直觉灵感源于无意识系统。所以，人在绘画的过程中，能梳理出自己无意识里的所思所想。对咨询师来说，来访者的一幅画所提供的信息胜过千言万语，甚至避开了"不真实的语言信息""不能用语言表达的信息""不愿意表达的信息"。所以我们常说，看懂了一幅画，就读懂了一个人，理解了一种人生。

目前，绘画分析技术是一种国际公认的心理咨询手段。从远古的绘画演变，再到19世纪初医生用患者的绘画作为诊断精神疾病的重要参考之一，今天，绘画分析技术已经成为心理咨询领域里一个重要的技术手段。

绘画，既是一种诊断工具，又是一种疗愈性工具，优势多多，又方便快捷。其疗愈原理有以下3点：

第一，绘画是无意识的表达。弗洛伊德说，未被表达的情绪从来都没有消失，它们只是被掩埋了，有朝一日，会以更丑恶的方式爆发出来。图像是内在无意识中情绪的表达，绘画者通过绘画的创作过程，利用非语言的工具，将无意识内压抑的感情与冲突呈现出来，情绪可以转化为图像，即无意识中的情绪转化为图像宣泄出去。通过图像、情绪、语言这三者之间的相互作用，从而达到疗愈的效果。

第二，绘画应用的是投射技术。投射测验主要用于测试人格特征、潜在愿望、情感和情绪。为了实现这一目的，测试者就必须给被试设定非单一性的问题，因此投射测验的材料需要具有多面性、非完整性和暧昧性等特征，被试需要根据自己的判断、感受、想象和能力来完成。

第三，绘画的语言丰富，内容清晰。绘画测验是一种非语言的以及印象表现型的投射测验，不同年龄、不同成长经验、不同成长环境者的作品都在画纸上呈现出不同的空间位置、不同的结构和不同的用色（也可以不用彩色），即使同一个人在不同时间画的同一主题的画呈现的要素也不相同，绘画所表达的内容远远超过语言表达的力量和丰富度。

绘画分析的优点主要有以下4点：

（1）简单易行，能够迅速对来访者进行测试。一张纸、一支笔即可作画，极其简单，咨询师的指导语"请你画……"也是极其简单，人人可以完成。

（2）绘画时间短，不易受记忆影响。来访者听到咨询师给出的指导语，拿起笔就画，没有构思和反复思考，几乎为即兴作画。

（3）非语言性的投射，适用所有人，特别是对学历低者、精神障碍者、语言障碍者、内向者、选择逃避者等都可用，受众广。

（4）被试抵触较小，容易投射出深层人格。来访者回答问题时可能会担心自己的答案是否正确，因此会思考，甚至会选择"正确"的内容来作答。但是绘画不同，它没有"答案"。正如分析心理学家荣格所说："我画我心。"所以，绘画投射出来的是深层人格。

当然，绘画分析也存在着百年来未能解决的问题。自18世纪专家学者对儿童在绘画中所描画内心世界的关注，到1919年海德堡精神病医院的汉斯·普林茨霍恩医生的绘画治疗，再到1921年英国心理学家西里尔·伯特用"画人"作为智力测验的方法、1948年巴克的房树人人格测验、1949年科赫的画树人格测验，以及后来《树木画测试》、《人物画的人格投射作用》、《画树评估人格》和《树木—人格投射测试》等专著的出版，各国心理学家对绘画投射都做了深入的研究，也使得这一技术在心理咨询、企业EAP、医疗等多个领域得以充分运用。但百年来，绘画分析依然存在着两大难题。一是缺乏评估常模。尽管人们早就开始用绘画表达情感、宣泄情绪，20世纪后也正式使用绘画进行智力测验、人格测验，但是今天绘画分析在世界范围内仍然没有常模。二是缺乏统一标准。比如在分析画品时很重要的一个指标是要看作品的大小。多大叫大？是面积？还是高度？这些还有待绘画分析实践者的进一步研究探索。

四、我们的努力

1.破除了欧洲的绘画"规条"

绘画测验要有绘画工具，全世界的绘画工具都是纸和笔，但在纸和笔的标准上通过临床实践，我们进行了一些"变法"。

（1）关于纸张。欧洲进行绘画测验规定使用的画纸是21厘米×28.5厘米，美国使用的画纸是21.59厘米×27.94厘米。我们认为，纸张在绘画测验中就是"世界"或所处的空间，在测验中使用的纸张不论大小，主要看画品与纸张比例和在纸张上的位置。当下使用最便利的纸张是A4复印纸，所以一般在采集画品时我们均使用A4复印纸，大小约21厘米×29.7厘米。但是，如果手边没有A4复印纸，又需要对方画一幅画或对方绘画测验很有兴趣，非常想画一幅画，那么用其他纸甚至纸巾也是可以的，不会太影响分析结果。就像一位生物学者在森林中散步，偶然发现了一种新植物，因为手头上没有"福尔马林收集瓶"，而暂时用"烟盒"代替了，也就是所谓的即兴收集。

（2）关于画笔。科赫在设立树木画测验时使用2B铅笔画无色彩树木，且可以使用橡皮；巴克在房树人实践中要求被试画色彩画，通常使用8色（红、黄、蓝、绿、棕、紫、黑、橙）蜡笔；法国心理学家罗伯特·斯托勒要求被试必须用削好的4B铅笔，不能用橡皮、尺子和圆规。我们在实践中破除了欧美的"规条"，因为分析画品线条特征和力度主要依据笔迹学等理论，用哪种笔都不会影响分析"结果"。所以，我们一般会准备签字笔、铅笔、蜡笔等常用绘画工具，不准备橡皮等其他工具。如若画者索要橡皮，可提供使用，但会被记录下使用次数；如果画者索要尺子等工具，则不会提供。至于收集有色彩还是无色彩画品，不是必要条件，是否涂色由画者自己决定，不提示，不要求。当然色彩能够显示画者的某些心理情绪。

（3）关于指导语。科赫使用的指导语是"请画一棵果树"。科赫其实是期待来访者画落叶树，但又怕来访者不能很好地理解"落叶树"而画出针叶树，于是用了"果树"这个词。他的弟子们发现了这一点，于是将指导语改为"请画一棵不是针叶树的树"。巴克在房树人测验中，使用的指导语是"请尽力画好树木、房屋、人物"。为了使画者"自主"绘画，呈现自然状态下的无意识，所以我们使用指导语"请画一棵树"或"请画一幅画，画中要有房子、树木和人"。这样完成的画品完全满足画者的独立意愿。

2.融合了中国文化

无论是画树测验、画人测验还是房树人测验，欧美心理学家都是依据欧美文化心理设立的。而西方人的思维是线性思维，绘画投射分析中的某个指标一定对应某种心理特征。而受文化影响，中国人具有"天人合一"的整体宇宙观，注重自然和人伦的关系，因此，在绘画中的一个指标内还会包含着文化心理，比如树木画中的柳树，在西方思维中会分析为对过去事物的关注或投入的情感，但在中国文化中还可能有"思念""离别"之意，"年年柳色，灞陵伤别"（李白《忆秦娥》）、"自此改名为折柳，任他离恨一条条"（雍陶《题情尽桥》）、"长安陌上无穷树，唯有垂杨管别离"（刘禹锡《杨柳枝词九首》）等古诗句都说明中国传统文化的独特性和中国人形象思维与直觉思维的优势，但却表达曲折。所以，在绘画投射分析时，不能忽视中国人的文化心理。因此，我们在科赫和巴克的投射分析体系基础上，经过30多年的实践，在分析指标体系中融入了中国文化。这也是我们一直倡导心理咨询本土化的主要原因之一。

3.来自真实案例的数据

关于树木画的树干在过去分析理论中都被看作是"自我"的表达，但是在30多年的实践中，我们从数百万人的树木画中发现树干的线条还可以投射出父母的健康状况以及关系程度。因此，这一点也是树木画在本书中的突破点。

4.对绘画投射测验进行定义

多年来，绘画投射测验备受大众欢迎，但鲜见有人为其下过定义。那么究竟什么是绘画投射测验呢？在此我们根据多年实践经验，给出我们的定义：绘画投射测验包括树木画、房屋画、人物画、自由画测验，是指在咨询师无任何暗示的指导语指导下，请被试用签字笔或铅笔在A4纸上自由绘画，咨询师根据心理学原理对其画品及其意象进行分析与解读，对被试的人格特点、成长经历、情绪特征等方面进行评估的测验。

第二节　绘画投射分析的实践方案

一、树木画

（一）关于树木画

我们知道树木画分析技术是瑞士心理学家科赫开发的，并出版了《树木画测试》一书。最初，树木画用于智力测验，后来用于人格测验。这个测验非常简单——要求来访者画一棵树。所以，树木画测验最大的优点就是它可以快速地对各种各样的人展开测验。树木画测验和其他测验相比，有着自身的独特性，早在第五次国际儿童精神医学的学术会议上就被正式批准应用于临床心理治疗实践。1991年，费明、梁国伟等在《中国康复》医学杂志上发表了国内第一篇绘画分析论文《精神病人集体艺术治疗的初步探讨》，说明绘画分析技术在20世纪90年代进入中国。

树木画测验是利用模糊的（中立的）刺激来探索人们内在的世界，探究人格的深层，引发能够反映被压抑为无意识的经验。正如荣格观点，他坚持认为艺术作品内在的语言远远超过了语言的表述，艺术作品有超越语言表达的深层意义。树木画测验像罗夏墨迹测验等投射工具一样，可以与许多测验一起作为辅助鉴定工具。当然，树木画今天在心理服务领域主要是用于人格投射测验，能够衡量性格的稳定性，了解成长过程中内心是否存在冲突，是否脆弱、敏感，以及知晓本我、自我和超我的力量，而且其效度很高。

树木画测验也是科赫的诊断工具之一。树木具有象征意义，是与人类情感交织在一起的象征物。在荣格的经典著作《哲学树》中，荣格所使用的第一幅绘画，就是充满画纸的一棵大树。荣格明确表示，树以及奇妙的植物意象，经常出现在无意识的原型结构中，比如梦或者来访者的绘画中，都会有此形象的表达。可见，树木是反映我们的一面镜子。

（二）树木画测验

（1）材料准备：A4纸一张，签字笔或铅笔一支，橡皮一块，12色彩笔一套（选用）。

（2）指导语：请你画一棵树。

当来访者听到指导语时，可能会不知所措，不知从哪里开始下笔。这时咨询师可以补充：

①我们不是为了测验绘画技术，请随意画。

②我们不是上美术课，你可以随意画。

（3）观察内容：在来访者绘画过程中，咨询师需要观察来访者在画树时的情绪、涂改等情况，以及画树的顺序（先画的树冠、树根还是树干）等。

（4）作品分析：一看整体，包括树在画纸上的位置、树种、树木大小等；二看局部信息，包括树冠、树干、树根是否有涂黑、树疤、树洞、断枝等；三看是否有附加物，包括太阳、动物等。

（三）树木画的分析体系

树木象征着人的成长，画者画的树木大小、位置、偏倚度等都有一定的寓意。从某种程度上说，通过画面中树木具体的形状，就可以看见画者精神世界和物质世界的状况、过去的生活经历和未来的发展趋势，也可以分析出他与父母的关系。

1.树木画的整体信息

在树木画分析中，树木本身分为3个部分：树冠、树干和树根。树冠反映超我、精神世界和表现力；树干代表自我、情绪生活和生命力；树根为本我、本能领域和自制力。从树木中间自上而下分开，左侧代表过去、母性，右侧代表未来、父性（见图3）。

2.树冠结构与性格

开放性树冠表示具有自由的自我表现力和对影响的包容性，可以和他人进行开放式交流；完全封闭的树冠表示与生俱来，或被后天强化形成的性格；半封闭型的树冠处于二者之间。

3.冠干比例

树木画的树冠和树干比例，反映画者的性格。如果树冠和树干的比例为1∶1，代表画者的情商很高；如果树冠占树高的2/3，代表画者处理事情的态

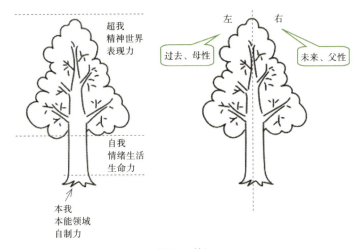

图3　树木画基调

度较冲动，也许他事后想想换一个方式会更好，但是遇事依然会"三下五除二""马上""立刻"做决定处理；如果树冠是树高的1/3，说明画者当下有压力（见图4）。

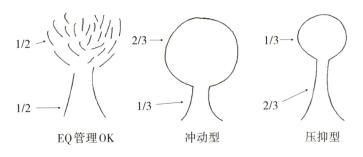

图4　树木冠干比例

4.区域功能

　　树是地球上一种古老的生物。它生生不息，无所不在。它是生命的化身，是成长的象征，展现个体生命发展，提示自我形象和成长轨迹，同时反映与环境之间的关系。树木的成长也是与生命的发展最相似的。因此，在树木画投射中，心理学家研究发现并证明，树木的每一部分对于画者来说，都有一定的象征意义。树冠和树枝代表人的超我和精神世界，象征个体个性、心理发展趋势、内心平衡状态以及与外界环境的关系；树干则代表自我和情绪生活，象征成长、生命力和心理能量，也是情绪表达通道、个体与成长环境之间的协调性和性格的特点；树皮象征接触外界的部分，树干上的疤痕象征个体成长过程中经历的心理创伤体验；树根代表本能及无意识，幼年期情绪情感体验、安全感等都在此区域体现。

随着树木人格测验技术的发展，学者对树木的解析更加细致，但也出现了持不同意见的学派和专家。我们在实践中发现，刘伟教授对树木画的区域功能分区比较符合中国人的文化心理（见图5）。

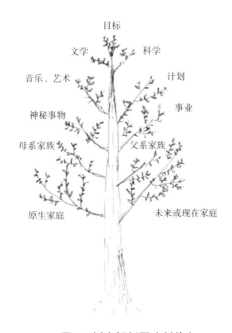

图5　树木解析图（刘伟）

尽管不同学者根据自己的实践研究，发现了树木区域分工的细微差异，但在实际投射测验工作中，对分析结果并未产生严重的影响，在这里提出来，供大家参考。大家也可以在未来的心理服务实践中继续探索，"大胆假设，小心求证"。以严谨的科学精神，推动绘画投射分析技术的深入发展。

（四）树木画局部信息与分析
1.树与空间

我们知道，每张纸，都有上、下、左、右4个区域。而这4个区域，在绘画心理学上，有着不同的解读方式：一般来说，左侧代表过去和母性，右侧代表未来和父性；下方代表物质，而上方则代表精神（见图6）。

图6　树与空间

（1）在画纸中央的树（见图7）。

图7　树木投射画1

这样的人和男性、女性都能建立起良好的人际关系，能较好地掌握平衡。没有过多地受到父母的影响，立足于过去良好的根基，对未来抱着肯定的期待。

（2）在画纸左侧描画的树（见图8）。

图8　树木投射画2

在母亲的强烈支配下成长起来的人，情绪明显不稳定，很难维持良好的夫妻关系。在选择配偶时，会过度考虑母亲的意见。

（3）在画纸右侧描画的树（见图9）。

图9　树木投射画3

与父亲或其他男性绝对的同一化，也许与幼年时期缺乏母爱有关。这类人结婚时往往喜欢寻找温顺的对象，即使是女性，也表示出对女性的轻蔑态度。

（4）在画纸上方描画的树（见图10）。

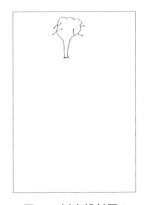

图10　树木投射画4

完全不扎根于现实，觉得现实中的一切都无聊，在自我夸张、自我膨胀起来的空想世界里却十分自信。这种自信在现实中的作用取决于本人的实际才能。如果是才智上品的人画出这样的树，从事创造性的著作或文学评论等类似工作，将有表现自己的可能性。具体情况还要探讨这棵树木画的详细表现。

（5）在画纸下方描画的树（见图11）。

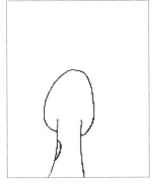

图11　树木投射画5

画在这个位置通常表示自己某种程度存在不适应感，想象世界被有意识地缩小了。此类人的情绪、经验和努力都是一时的，有时甚至仅仅局限于实际中的东西。

（6）在画纸左上方描画的树（见图12）。

与图8相同，母亲具有强烈的支配性。但在这种情况下，为了克服母亲的支配，实现创造性的改变，而进行着精神上的努力。如果是具有才能的人，具有在美术、音乐等方面获得成功的潜在能力；否则只能表现出大获成功的空想、消极和被动的逃避。

图12　树木投射画6

（7）在画纸左下方描画的树（见图13）。

画在这个位置上的树很少见。这是抑郁和低调的表现，明显地和被母亲过度支配和保护有关。这种不安全感只有得到母亲或母亲的替代者的肯定和鼓励才能得到改善。这样的人创造性表现非常匮乏，常常对未来感到恐惧。

图13　树木投射画7

（8）很小的树。

感觉到被周围环境所压倒，有一种漠然的孤独感（见图14）；自我能量的强烈集中（见图15）；回归子宫的欲望（见图16）；抑郁状态恶化（见图17）；出现被害妄想症（见图18）；表现出强烈的抑郁感和自杀倾向（见图19）；承受着巨大的压力和精神病前兆（见图20）。

图14　树木投射画8　　图15　树木投射画9　图16　树木投射画10　图17　树木投射画11

图18　树木投射画12

图19　树木投射画13

图20　树木投射画14

（9）溢出画纸上方边缘的树（见图21）。

图21　树木投射画15

上边切纸边通常是年轻人或心态年轻的人的特征。这种树表现出乐观主义、对自己潜在能力的无限自信，觉得自己可以征服世界。但是还要看溢出去面积多少。如果溢出的面积小，则说明环境不能满足画者的发展；如果溢出去的面积大于树冠的1/3，则表明画者比较自负。

（10）溢出画纸下方边缘并且下部消失的树（见图22）。

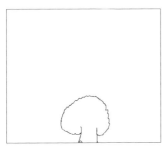
图22　树木投射画16

有意拒绝本能领域或性领域。如树干在画纸边缘分开，则表现出微弱的对性的影响。此外，由于对精神和心理方面表现出不均衡的关心，则在其人格背后，甚至能感觉到压抑不住的性冲动和对自身性别认识混乱。也不善于表达情绪和情感。

（11）三边溢出画纸的树（见图23）。

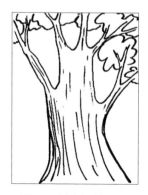

表现出病态的自我为中心倾向，或者周期性的暴躁状态。这种人活在自己的幻想中，同时容易受到来自各个方面的影响，容易受骗。但若是有才能的人，他们的思考常常独具创造性。

图23　树木投射画17

（12）右、左侧溢出画纸的树（见图24—图25）。

右边切纸边的人容易受到其他男性的影响。容易接受权威性思想的影响，不能说是个理性的人（见图24）。

图24　树木投射画18

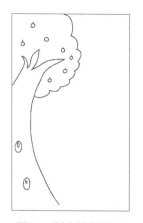

左边切纸边的人无论是情绪上还是感知上都易受女性的影响并向往音乐、艺术和神秘事物。男性会不断陷入恋爱中，女性则会热衷打扮自己（见图25）。

图25　树木投射画19

（13）将画纸横放而画的树（见图26）。

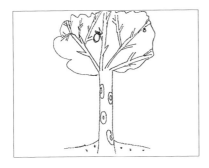

图26　树木投射画20

这种画出现概率很低。这表明不满意自己目前所处的环境（生活环境、工作环境、人际环境等）。

2.树冠与树枝分析

（1）单线树冠（见图27）。

表明画者生活幸福、单纯；如树冠和树干的比例为1∶1，则代表高情商；如树冠巨大，成就动机比较强烈，有雄心壮志，有自豪感，有时自我赞美。

图27　树木投射画21

（2）曲线树冠（见图28）。

写意树木画的树冠轮廓如果是曲线，表明画者有性子急、重效率、脾气差3个特点。

图28　树木投射画22

（3）T形树冠（见图29）。

树冠和树干构成"T"字形，有的看上去像是一把斧头，有的看上去像是一个锤头，还有的看上去像镰刀、大刀等，在绘画分析中有"像什么就是什么"的分析方法，右图表明画者有较强的攻击性，代表原始的、本能的冲动。

图29　树木投射画23

（4）横向生长的树冠（见图30）。

无论是写实的树还是写意的树，只要树冠横向发展，表明画者热心肠、乐于助人，愿意主动与人交往，讲义气。

图30 树木投射画24

（5）小树冠（见图31）。

这种树木画在学龄前儿童的画中常见，如果学龄前儿童画此类树，有发展障碍的可能；如果画者为成人，则是幼稚性、退化的象征。

图31 树木投射画25

（6）心形树冠（见图32）。

这类树木画的树冠像"心形"，下面小（尖），上面大，表明画者可能缺乏创造性，没有攻击性，有犹豫不决的倾向，缺乏持久的毅力。

图32 树木投射画26

（7）树冠外多层叠加（见图33）。

这种树冠多出现在写意树木画中。原本一圈就代表树冠，但现实中常常看到画者把树冠画成2~3圈，圈越多越封闭，这类画者一般不擅交流，更不会倾听。

图33 树木投射画27

（8）圆圈状的树冠（见图34）。

树冠是同心圆或螺旋圆等圆圈状，表明画者在成长过程中，一直把能量消耗在某个方面，缺乏方向性。

图34　树木投射画28

（9）向上生长的树枝（见图35）。

树枝一根一根向上生长，表明画者正在成长，积极向上地成长，正在寻找向上发展的机会。

图35　树木投射画29

（10）云朵状的树冠（见图36）。

如果树冠像云一样一朵叠着一朵，表明画者爱幻想，善于想象，易激动。

图36　树木投射画30

（11）虚线树冠（见图37）。

有很多想法，但缺乏行动力；表明画者富于幻想，但不切实际。

图37　树木投射画31

（12）折断的树枝（见图38）。

如果画者画的树木画中有一根或多根树枝被折断，说明画者在发展和成长过程中遭受过创伤或付出的努力未获成功。

图38　树木投射画32

（13）比树干还粗的树枝（见图39）。

现实生活中，一般树干较粗，树枝比树干细小，如果画者的树木画树枝比树干粗，表明画者具有匮乏感，过分地追求从环境中获得的满足感。

图39　树木投射画33

（14）粗树干上的小枝（见图40）。

自然界中的树干虽然比树枝粗，但也是比较协调的。如果画者把树干画得很粗，而树枝却很细，二者不成比例，看上去很不协调，则表明画者无法从环境中得到满足。

图40　树木投射画34

（15）被细致描画的树枝（见图41）。

一棵被画者细致描画的树，表示画者有强迫性倾向，一旦开始做一件事中途便无法停止；过分关注细节，追求完美。

图41　树木投射画35

（16）明确如路径的树枝（见图42）。

这种树的枝杈排列对称、整齐，说明画者做事有明确的计划性；有毅力，有始有终。

图42　树木投射画36

（17）单独生长的枝叶（见图43）。

这类树木画是在树干上又长出新枝，表示新的希望、新的发展方向。

图43　树木投射画37

（18）被风吹得歪斜的树冠（见图44）。

树冠向一侧歪，说明画者受到来自外界的强大压力。如果树冠向右歪斜，说明压力来自母亲或其他女性；如果树冠向左歪斜，说明压力来自父亲或其他男性。

图44　树木投射画38

（19）树枝交叉（见图45）。

在自然界中，我们看到所有树木上的树枝很少有交叉，如果树枝有交叉，便会相互缠绕并干扰其正常生长，也会局部无法接收阳光或接收阳光不均。因此在树木画投射中，哪里交叉哪里就有矛盾和冲突。

图45　树木投射画39

（20）树枝（写意树树冠里就是树枝）与树干不通（见图46）。

按照生物学理论，树枝的生长依靠树干所输送的养分和养料。在树木画投射中，树枝一般象征着能量的流动，是将能量从树干传送到树冠各部分的通道。树干既反映个体目前的能量、生命力，也反映个体在成长过程中得到的支持和力量，而这种力量和支持正是树干和树根。如果画者的树木画的树枝与树干不通，说明情绪或能量堵塞了。

图46　树木投射画40

（21）树冠下侧枝（见图47）。

这类树木画和图43不同，图43是新枝，而此类是老枝，又在树冠下方，这在自然界中是不存在的。分析这样的树木画时要看这个侧枝在树干的左侧还是右侧，不同部位寓意不同——左侧代表由于客观因素梦想中断；右侧代表由于主观因素梦想中断。

图47　树木投射画41

（22）节外生枝（见图48）。

节外生枝是指树枝长到了树冠外，表示婚外情、超越常规处理婚恋问题。换句话说，前一段恋爱没有结束，后一段就开始了；或者既喜欢A又喜欢B，同时与A和B交往。

图48　树木投射画42

（23）涂黑（见图49）。

有时我们看到有的树木画中会有涂黑或涂灰现象。如果树枝被涂黑，表明画者不快乐、抑郁；如果树冠涂黑，表明画者否定自己的精神领域；如果是涂灰，说明情绪还没有达到上述程度。

图49　树木投射画43

3.树叶分析

自然界的树叶是植物进行光合作用、制造养分的主要器官，通过吸收二氧化碳，来释放氧气。在心理学意义上，树叶代表生命力，具体象征如下：

（1）树叶茂盛，表明充满生机。

（2）树叶稀少，表明活力不足。

（3）没有树叶，表明缺乏活力，失落，空虚。

（4）树叶凋落，表明依赖，无助，沮丧感，或身体生病。

（5）树叶较大，表明依赖感，注重实际，有创造力，性格温和。

（6）树叶大于树枝，表明有创造力，想法多，注重实际。

（7）阔叶，表明愿意与人交往。

（8）树叶小，表明不易相处或刻薄。

（9）针叶，表明体会不到足够的爱。

（10）左边比右边茂密，表明纠缠过去，或对未来缺乏信心。

（11）右边比左边茂密，表明关注未来。

（12）每片叶子都精细描绘，或有叶脉，表明完美主义者。

（13）手掌形树叶，表明愿意与人交往，有同情心。多见于小孩或从事危险职业的人（比如警察）的画。

（14）树叶涂黑，表明心情不好或沮丧。

（15）树叶被收集起来，表明想从父母或家庭中得到爱和温暖。

（16）正在燃烧的树叶，表明爱的需求得不到满足，转而变成愤怒和气愤。

4.果实分析

树上有果实代表有成就动机，也可能象征孩子（尤其女性画者，如幼师、小学老师、儿童工作者等与孩子及对孩子的态度有关）。

（1）果实大而多（3个以上，见图50），表明画者有以下3个特征：一是有较多的欲望和目标，有信心实现自己的目标；二是因追求过多而无法很好地分配自己的时间和精力；三是还没有确定什么是自己真正的、最重要的需求。

（2）果实大而少（1~3个），表明画者有

图50　树木投射画44

以下3个特征：一是有明确的目标，把自己的精力集中在有限的几个目标上；二是知道什么对自己最重要；三是有信心实现自己的目标。

（3）果实小而多，表明画者：有较多的欲望与目标，没有确定什么是自己真正的、最重要的需求；没有足够的自信实现自己的目标。

（4）没有果实，表明画者：一是尚未设立可实现的目标；二是对自己评价不高；三是对自己没什么要求。

（5）长满果实（见图51），表明对金钱与权力有较高的追求；或是想法太多，很难实现。

图51　树木投射画45

（6）如树上的苹果不像苹果，看上去像是蝌蚪，表明做的都是无用功，所做的努力没有被看见或工作不被认可；看上去像锚，表明想稳定下来；看上去像嘴巴，表明喜欢吃零食，也许是0~18个月口腔功能发展不顺利或口腔欲望未得到满足。

（7）未成熟的果实掉落，表明过去的创伤体验；或者感到自己被拒绝，灰心丧气，绝望。掉落的果实数量可能与年龄有关。

（8）成熟的果实，表明收获。

（9）地上腐烂的果实，有时代表流产（一般不解读）。

（10）正在下落的果实，表明孩子不再需要自己的照顾。

（11）葡萄，表明期待快乐；也表明实际能力与自我评价不一致而产生的烦恼。

（12）梨子，表明无成就感；努力却还是失败；孩子令自己感到失败。

（13）长两种果实，表明对自己的目标不明确。

（14）长很多食物，表明担心自己得不到东西。

（15）长多种果实，儿童画则为正常；成人画则代表不切实际。

（16）果实涂黑，表明对家庭、对未来不抱希望。

（17）树上开花，表明有自恋倾向，注重外在美；对自己的外表十分迷恋。

5.树干分析

在树木画分析中，树干是自我，反映成长和发展的能量。不同于弗洛伊德的"冰山"与无意识比喻，对心理分析大师荣格来说，树及其象征是深远无意识的存在与表达。在他的传记《回忆·梦·思考》中，荣格说："我向来觉得，生命如以根茎来维系生存的植物，其真正的生息藏于根茎，并不可见……当我们想到生命和文明那无尽的生长和衰落时，我们难以摆脱那种绝对的虚无感。然而，我也从未失去对永恒流动之中存有生命不息的感觉。我们看到的是花开，或者花落，但根茎永在。"

（1）树干上的疤痕是成长过程中受到过创伤的标志，从其所处的位置可以对其创伤年龄进行大致判断（见图52）。

（2）树干上有直线表明要求完美（见图53）。

（3）树干倾斜表明成长过程中遭受到强大的外力（见图54）。

（4）树干上的树枝表明放弃的爱好或特长。左侧树枝是被迫放弃的，右侧是自己放弃的。放弃的数量同树枝数（见图55）。

（5）树干顶端趋于聚合表明以目标为导向，生活的全部意义就是实现目标。但在目标实现后并没有获得自己寻求的东西，容易导致情绪低落（见图56）。

（6）树干在顶部扩展开来表明随着年龄的增长兴趣增加，活力更足（见图57）。

图52　树木投射画46

图53　树木投射画47

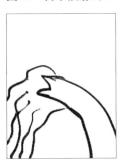

图54　树木投射画48

图55　树木投射画49

图56　树木投射画50

图57　树木投射画51

（7）树干上有树洞或树疤表明家庭压力或成长过程中遭遇的不愉快的大事、变故（见图58）。

（8）树干中间细、两头粗，表明擅长具体思维，有干劲、勤奋、抗挫折力强（如图59）。

（9）树干笔直，表明固执倔强，性子直，刻板不灵活（见图60）。

（10）树干长且细，表明性格敏感脆弱，易受伤害。

（11）树干短且细，表明冷漠。

（12）树干根部变大，表明情绪波动大，易受外界影响，感情丰富，易压抑自己（见图61）。

（13）树干进入树冠之前一分为二，表明父母疏离（见图62）。

（14）树干上有阴影，表明画者自我防御，掩藏令自己耻辱的或引起不愉快回忆的特殊事件，或被隐藏起来的攻击性特征。

（15）树干上有树皮，表明防卫的装备。

（16）树干右侧突起，表明非常渴望父亲的肯定。

（17）树干左侧突起，表明非常渴望母亲的肯定。

（18）树干右侧高，表明对父亲的阻挡。

（19）树干左侧高，表明对母亲的阻挡。

（20）没有树干，表明情绪低落，甚至没有生存的意愿（见图63）。

（21）树冠进入树干，表明对父母的教育方式不认可。

图58 树木投射画52

图59 树木投射画53

图60 树木投射画54

图61 树木投射画55

图62 树木投射画56

图63 树木投射画57

（22）树冠未与树干密接，表明父母给予的空间，缝隙大代表给予的空间大，缝隙小代表给予的空间小。

（23）树干左侧线有"弯"或有描画，表明母亲脾气可能不好或健康有问题，特别是线条有断开或接口时，表明母亲在那个"时间"要么健康出了问题，要么婚姻关系出现了问题。右侧线有上述情况，说明父亲在那个"时间"有问题。这里说的"时间"是指画者在树干上对应的年龄时间。

在30多年的实践中，我们发现并验证了树干的轮廓线和父母的身体健康状况、脾气、职业变化和父母之间的关系有关，特别是出现反复描画或断开、墨点，出现的位置与画者的年龄期一致。树冠的左侧线代表母亲，右侧线代表父亲。当树干某一侧是双线时，说明这一侧的人变换过职业或调换过单位。

6.树根分析

树根在树木画投射分析中，代表本能、生存和发展，也代表个体与现实关系、对自己支配现实能力的一种认识。

（1）有根，表明稳固，对自己要求高，对别人要求也高。

（2）树根过大，表明过于关注本能、性、金钱（见图64）。

（3）有篱笆或装饰圈，表明固执、孤独（见图65）。

（4）树根暴露，表明关注过去，不够自信、不成熟。

（5）树根交错，表明对性纠结，或内心有很多纠葛。

（6）枯死的树根，表明对早期和成长过程的经验是沮丧的，情感上是干涸的感觉。

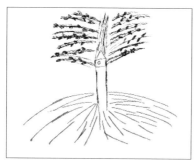
图64 树木投射画58

图65 树木投射画59

图66 树木投射画60

7.树木与地面分析

（1）无地平线，画者年龄在18岁及以下，表明没有安全感；画者年龄在18岁以上，表明没有自我定位。

（2）有地平线，表明有自我定位，稳重（见图66）。

（3）地平线右侧向上倾斜，表明积极向上、乐观，会利用环境中的资源。角度大于45度，表明急于求成。

（4）地平线右侧向下倾斜，表明消极，在走下坡路。

（5）地平线是弧形，表明清高自满，或藐视他人，或自欺欺人（见图67）。

（6）地平线弯曲，表明发展过程不顺利（见图68）。

（7）立体地面，表明资源丰富，定位准确，会利用周围资源。

（8）地平线画在树干根部以上，表明有短期内无法实现的目标（见图69）。

（9）地平线画在树干根部以下，表明明显失去来自环境的支持。

图67 树木投射画61

图68 树木投射画62

图69 树木投射画63

（10）以画纸下边缘作为地平线，表明缺乏安全感，试图寻找依靠，孤独。

（11）地面阴影或涂黑，表明对所处环境的强烈抗拒（见图70）。

8.树木类型及分析

在自然界中，树的种类有很多，对于不同的树，人们赋予其不同的意义。因此，在树木画投射分析中，画者所画树木的类型不同，象征的生活态度和人格倾向也不同。

（1）果树，表明自我肯定，期盼成功（女性也可代表孩子）。

（2）柳树，其枝条纤细，柔软下垂，寓意情意绵绵和挽留，所以画者画柳树表明关注过去，能量流往过去；怀旧、恋旧、思念；发展过程中停滞在某一阶段；对过去发生的一些事情有内疚心理（见图71）。

（3）松树，表明拥有达到目标的强烈动机，性格顽固，以自我为中心且野心勃勃。

（4）椰子树，表明生命力强；有着情绪反应和精神反应相混合的倾向；觉得自己能够感知天启或神的信息（见图72）。

（5）白桦树，表明画者较敏感。

（6）杨树，表明画者的感情隐藏在冷静的理性之后，勤勉努力，拥有远大目标。

（7）枯树，表明由于外力而牺牲自己或看不到希望，觉得自己的发展受到了妨碍。冬天的枯树，表明性格开朗，易受别人影响，心直口快，易伤人，不容易控制情绪（见图73）。

图70　树木投射画64

图71　树木投射画65

图72　树木投射画66

图73　树木投射画67

图74 树木投射画68

图75 树木投射画69

图76 树木投射画70

（8）死去的树，表明绝望，看不到未来。

（9）被砍断或锯断的树，表明受到巨大创伤和打击（见图74）。

9.附加标记

（1）鸟。

①鸟停卧于树冠上，表明累了，或有好事发生。

②空中飞翔的鸟，表明渴望自由。

③树冠上有鸟巢，表明依赖性，渴望被养护；热恋（见图75）。

④鸟飞离树木，表明开始行动了（见图76）。

⑤鸟巢里有鸟和鸟蛋，表明对家人、对孩子寄予期望。

⑥鸟巢涂黑，表明对家人、对孩子失去期望；年轻人涂黑代表失恋；如画者是未婚女性或没有孩子的年轻女性则代表可能有流产创伤和经历。

⑦鸟蛋涂黑，年龄不同寓意不同：画者是未成年人，表明承载不了家人的期望；画者是成人，表明对孩子失望。

（2）树干上的小动物。

①小动物躲在树洞，表明得到很好的照顾；渴望得到爱；代表精神上的宽容。

②老鼠，表明内心阴暗。

③啄木鸟，表明对伤害的自我修复。

④松鼠，表明感情或物质上曾遭受过剥夺；希望能为自己的将来囤积某些东西。

⑤蛇，表明冷漠、性。

⑥蝴蝶，表明难以捉摸的爱。

（3）树周围的动物。

①狗代表忠诚。

②猫代表好运。

③蛇代表恐惧、无意识、冷漠。

④牛代表憨厚。

⑤兔子代表乖巧。

⑥蝴蝶代表转化。

⑦猪代表快乐、懒惰。

⑧青蛙代表疾病好转或转化。

（4）梯子。如若树上搭了一架梯子，表示"感觉自己的情感被别人利用"；如果画者是儿童，则表示"有条件的爱"（见图77）。

（5）秋千。树木画中常常出现秋千，有的秋千是挂在一根树枝上；有的是一端系在树干上，另一端系在一根木桩上；有的是把秋千系在两棵树上；也有的秋千是在独立的两根木桩上，具体情境具体分析，要视牢固程度而定。此处所述情景是系在一棵树上的秋千。

①空秋千代表人际关系较差；把生命的全部或最重要的事情寄托在某件事或某个人身上（见图78）。

②人荡秋千代表损人利己，牺牲别人来面对生活某方面的压力；或人际关系良好。

图77　树木投射画71

图78　树木投射画72

（6）河流。画中有河流说明画者比较注重经济问题。如果河中有鱼，说明家庭经济状况不错，鱼越多说明财富越多。如果河流从树干穿过，说明画者在成长过程中花钱较多；如若河流从树冠向下穿过，表明画者花钱如流水。

（7）太阳。太阳代表温暖、爱。但是太阳形状不同和处于画中不同的位置代表着不同的意义。

①黑色的太阳表示家庭生活不和谐，对家庭生活不满、不快乐；如黑色太阳还拖着很长的光芒，表示有一件很不寻常的事要发生。

②明朗的太阳表示快乐、开心。

③拟人化的太阳，如是5~6岁孩子所画，表示智力极高，懂得取悦父母。

④暗淡的太阳可能代表忧愁。

⑤画中人朝向太阳表示寻求温暖；远离太阳或背对太阳表示拒绝温暖。

⑥画面左侧的太阳表示渴望获得（图不圆满）或已经得到了（完整的太阳）母亲或其他女性的关爱；画面右侧的太阳表示渴望获得（图不圆满）或已经得到了（完整的太阳）父亲或其他男性的关爱。有时在画面左边的太阳表示价值观开放，在画面右边的太阳表示传统、守旧。

10. 绘画过程信息

因为树木画是人格投射分析，所以绘画者在画树木过程中的先后顺序、工作状态、用时长短等，也有着重要的意义。

（1）最先画的是最关注的。

①先画树冠代表对精神的过度关心、对智力的自信。

②先画树干代表正常，关注自我。

③先画树根代表对本能的关注。

④先画地面代表缺乏安全感，先要找一个支撑或依赖。

（2）很多涂擦代表犹豫不决或追求完美，或对自己不满，或情绪焦虑，或隐藏真实的自我。

（3）用时长代表过虑，不想表现真实自我。

（4）完成后又重画代表整饰自己。

11. 线条特征的意义

（1）长线条代表能较好地控制自己的行为，但有时是压抑自己。

（2）短线条，若短而断续代表冲动性。

（3）强调横向线条代表无力、害怕、自我保护倾向与女性化。

（4）强调竖向线条代表自信、果断。

（5）强调曲线代表厌恶常规。

（6）线条过于僵硬代表固执、攻击性倾向。

（7）不断改变笔触的方向代表无安全感。

12. 用笔力度

（1）有力代表思维敏捷、自信、果断。

（2）特别用力代表自信、有能量、有信心；可能有些精神紧张；可能脾气暴躁，有攻击性；可能有器质性病变，如脑炎、癫痫等。

（3）轻微力度代表可能犹豫不决、畏缩、害怕、无安全感；可能不适应环境，想改变环境却无力改变；可能精神状态不好，能量低，活动力不足，脆弱，容易受到伤害。

（4）断续笔触代表犹豫不决，依赖顺从、情绪化倾向；柔弱、脆弱。

（五）树木画分析表

一幅树木画分析包括整体信息和局部信息，信息量非常大，在实践中经验不丰富的咨询师很容易丢项，所以，在这里我们特别设计了一个树木画分析表，把所有分析项一并列入，确保分析的完整性（见表1）。

二、房屋画

房屋是人们居住的场所，是家或同居者共同生活的地方。因此，房屋的描绘可以投射出人与家庭或同居者的关系、安全感、情感态度和沟通模式。通过对屋顶、窗户、屋门、墙壁等细节的分析，可以了解到人在家庭中的安全感及个体与家庭成员的关系或与同居者的关系等情况。

1. 房屋与空间

房子画在纸的中心位置且比较大，表示画者对自己的家庭极其看重；画者比较在意自己的生活和家庭的关系；有时也会对家庭既依赖又有矛盾。

如果房子描绘在画纸的左侧，那么表明画者很注重既往的生活，较重感情，自我意识较强，一般多出现在女性画者的画品中。

如果房子描绘在画纸的右侧，则表明画者比较注重和关心将来的生活，

表1　树木画分析表

报告人：

画者信息	性别		年龄		职业		婚姻状况	
投射测验原图								
整体信息分析	1.整体基调——心理健康程度： （1）美感： （2）线条流畅度： （3）线条连续性： （4）笔触力度： （5）是否涂黑： 2.树木整体位置： 3.树木大小： 4.均衡比例： 5.树木画投射表达方式和状况： 6.种类： 7.树干的开放和封闭： 8.树冠和树干的倾斜： 9.树木的多少： 10.树木周围的环境：							
局部信息分析	1.树冠 2.树干 3.树根 4.地平线 5.非主题信息							
分析反馈	（根据绘画者反馈情况填写）							

客观意识强，具有明显的理性倾向。

如果房子画在山坡上，则表示画者有被抛弃的感觉、焦虑烦躁或想要扩大自己的影响力；若是画的是"山洞屋"，则说明压力大、孤立无援，喜欢远离群体。

2.屋体

（1）立体屋（见图79）。

房屋画是立体状，表明画者洞察能力、观察能力、觉察能力俱佳。

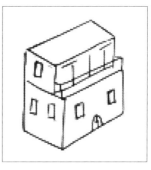

图79　房屋投射画1

（2）平屋（见图80）。

画出的屋体是一个平面，表明画者的洞察能力、观察能力、觉察能力较不足。

图80　房屋投射画2

（3）庙宇、教堂（见图81）。

画寺庙、教堂表示画者追求心灵的宁静，有超脱世俗的愿望；或者常常自我反思，对自己的品格和道德有较高的要求。也有追求心灵成长、追求心理平衡、追求完美生活等想法。

图81　房屋投射画3

（4）飞檐（见图82）。

画这类房屋者一般比较重视传统道德、品格；重视伦理、文化传承，也重视心灵的稳固与成长。

图82　房屋投射画4

（5）蘑菇屋（见图83）。

蘑菇屋在儿童画中比较常见。成人画这种房屋，表明画者有想象力。

图83　房屋投射画5

（6）城堡（见图84）。

画出城堡表明画者内心的防御性强，戒备心重，更说明画者渴望自由，向往权力，画者在生活中可能存在一定的理想主义思想。

图84　房屋投射画6

（7）四合院、三合院、二合院（见图85）。

四合院、三合院、二合院是中国的一种传统合院式建筑，是受传统宗法制度和伦理道德制约下的一种民居形式，也受到《易经》思想的影响，衍生出天圆地方，天人合一，在对立中求统一。所以，绘画这类房屋者，一般都很重视家庭和家庭文化与伦理道德建设；当然，也重视生活品位与心灵成长。

图85　房屋投射画7

（8）楼台亭榭（见图86）。

亭子是敞开透明的，说明画者比较开放，很愿意与人沟通；如若画得比较高大，则说明画者拥有远大的目标，并愿意为之奋斗。

图86　房屋投射画8

（9）宫殿（见图87）。

宫殿体现皇权的至高无上和物质生活的丰富，因此，画这类房屋者，若为近景宫殿，表明画者对荣华富贵的追求强烈，若为远景宫殿则表明对荣华富贵的追求不强烈；若宫殿画在空中，则表明画者是理想主义者，对现实目标不感兴趣。

图87 房屋投射画9

（10）房屋被树木遮挡（见图88）。

如果所画房屋被树木遮挡住，则说明画者被父母支配，过度依赖父母，且亲子关系紧张；如果是被一棵树遮挡，则说明是被父母中的一人所支配，如果房屋被两棵树所遮挡，则说明是被父母两人所支配。

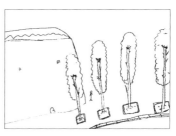

图88 房屋投射画10

（11）房屋有院墙（见图89）。

房屋画有院墙（砖质、木栅栏、水沟），表明画者自我防御心理比较强，多疑、没有安全感，或不愿受外界干扰，适应性弱。

图89 房屋投射画11

（12）房屋有支撑（见图90）。

如果房屋被木桩或其他支撑物所支撑，那么表明画者缺乏安全感，需要他人的支持和鼓励；有不满足感、被忽视感；缺乏某种能力，如自信、自立、记忆力等；对过去的事或物（如老同学、故去的亲人等）怀念。如支撑物有断裂，则表示画者身体虚弱、生病，或有失望感。

图90 房屋投射画12

（13）屋体高大于宽（见图91）。

如果画的不是楼房，那么屋体的高度大于宽度，表明画者思维不敏捷，掌握一门技能较慢或困难；智力发育不佳或有障碍，学习困难、领悟力差等。

图91　房屋投射画13

（14）房屋无基底线（见图92）。

这类房屋画没有底线，或是以下纸边为基底线，除了表明画者比较单纯，眼睛看见什么就表达什么，还表明画者缺乏长远眼光，注意整体而缺乏对局部的把控；没有立场，不自信，容易跟随别人的观点和意见；功利性，只注重眼前或手边的资源。

图92　房屋投射画14

（15）简化的房屋（见图93）。

房屋画的复杂和简洁与美术水平没有关系，反映的是心理水平。如果房屋画非常简洁，则表明画者单纯，内向，缺乏幻想，生活空虚，性格保守。

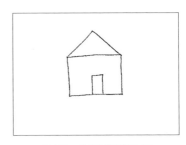

图93　房屋投射画15

3.屋门

门是房屋的出入口，它的大小、形状、位置象征着个体对外界的开放度。

（1）双扇门（见图94）。

绘画双扇门表明画者渴望能拥有伴侣，渴望能成双成对。

图94　房屋投射画16

（2）没有门把手（见图95）。

门把手是打开房门进入室内的必要条件，如果门上没有把手，则表明画者不欢迎别人走进自己的内心，强调个人的隐私性。

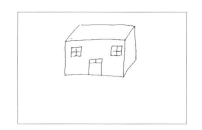

图95 房屋投射画17

（3）有窥视孔的门（见图96）。

如果画出有窥视孔的门，则表明画者不会轻易信任他人、谨慎小心、多疑。

图96 房屋投射画18

（4）被很多"×"围绕的门。

"×"代表否定和拒绝，所以，门框周围画了很多"×"，表示画者内心充满冲突，不希望有人进入自己的内心或空间，可能对性问题矛盾而困惑。

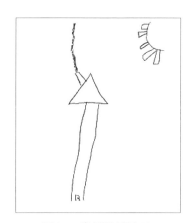

（5）低矮的门（见图97）。

画低矮的门，表明画者表面上很开放，实际上不欢迎他人走进自己的内心世界，没有与他人沟通的强烈意愿。

图97 房屋投射画19

（6）阴户状的门（见图98）。

画这种门的画者具有对性别的认同、对性的向往、享乐主义等特点。

图98 房屋投射画20

（7）侧门（见图99）。

在不同年龄段的人群中都有画这类门者。画侧门表示画者对家庭不满意，想要逃离家庭。

图99 房屋投射画21

（8）没有门（见图100）。

房屋没有门是无法出入的，画这类门者对外界有较强的防御心理，拒绝他人接近自己。

（9）门的开闭（见图101）。

房屋画中门的开闭方式不同，表示画者家庭的开放度不同。如果没有门只有框，表明画者想逃离家庭；向里开着的门，表明画者欢迎朋友来做客；向外开的门，代表来去自如，家庭和谐；关闭的门，代表封闭式家庭。

图100 房屋投射画22

4.窗户

窗户是房屋的另一个出入口，象征画者与外界的另一种沟通途径，和门一样代表着个体的开放性。此外，它还展示美感及审美情趣等。

图101 房屋投射画23

（1）十字形的窗户（见图102）。

这是最常见的画法，没有特殊含义。

（2）单片大的玻璃窗户。

这类窗户的画者拥有开放的心态；愿意与别人沟通；愿意让别人了解关于自己的信息。

图102 房屋投射画24

（3）半圆或圆形的窗户（见图103）。

这类窗户的画者拥有女性化气质，性格温和。

（4）百叶窗。

百叶窗表示一种保留的态度，如果是关上的百叶窗，则表明画者退缩或情绪忧郁。

图103　房屋投射画25

（5）星星形窗户。

画这种窗户的画者拥有女性化气质。

（6）像栅栏一样的窗户（见图104）。

生活中一般只有监狱或需要高度安全的场所才安装这类窗户。所以在房屋画中描画这种窗户，表明画者缺乏安全感，过分自我保护，或对家庭的感受不佳，像被关禁闭一样。

图104　房屋投射画26

（7）染色玻璃窗户（见图105）。

这类窗户一般出现在教堂的建筑上，所以，画染色玻璃窗户的画者追求美感，觉得自己有瑕疵，有一种罪恶感。

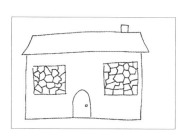

图105　房屋投射画27

（8）有很多窗户（见图106）。

有的画者在一间平屋上画出3个以上的窗户，表明画者渴望与外界接触，渴望与他人沟通。

图106　房屋投射画28

（9）有窗帘的窗户（见图107）。

窗帘是用来遮挡光的用品，或起装饰作用，那么在窗户上加画窗帘，表明画者追求美感，有保留地让人接近。

图107 房屋投射画29

5.屋顶

（1）三角形屋顶（见图108）。

画三角形屋顶可表现为画者与父母的沟通关系程度。一般等边三角形表示较好，其他三角形表示有所偏重或欠缺的关系。

（2）密布"十"字的屋顶（见图109）。

画密布"十"字的屋顶表明画者内心有激烈的矛盾和冲突。

图108 房屋投射画30

（3）黑黑的屋顶（见图110）。

画黑黑的屋顶表明画者内心有沉重感、负重感。

（4）网状屋顶。

画网状屋顶表明画者有内疚感，想要控制住自己的幻想，固执。

图109 房屋投射画31

（5）屋顶房角是锐角（见图111）。

一般来说方形屋顶有一个锐角必定会对应一个钝角，如果方形屋顶画的都是锐角，则说明画者自我意志强烈，性格矫情，冲动，有敌意行为，对病态及不正常的事物感兴趣。

图110 房屋投射画32

图111 房屋投射画33

（6）精细描绘的屋顶（见图112）。

如果画者精细地描绘瓦片或砖，则表明画者比较注意细节，考虑问题比较全面、认真，但有时缺少灵活性，做事比较古板；如果在描绘瓦片或砖头时，反复使用橡皮擦拭，就表明画者可能过分认真、刻板、追求完美，具有强迫的倾向。

图112　房屋投射画34

（7）向下包裹的屋顶（见图113）。

屋顶两侧向下包裹墙壁或遮盖住墙壁，表明画者对人或事不感兴趣；多愁善感、意志薄弱、不自信、不求上进；做事没有计划，准备不充分。

图113　房屋投射画35

（8）大屋顶（见图114）。

屋顶大小是相较墙壁的尺寸而言的，如果房的墙壁画得比较大，则屋顶也很大，则表明画者自信、自我欣赏，甚至有点自负；生活中比较有野心，对自己的目标比较执着；如果屋顶左高右低，则表明画者容易生活在幻想的世界里；如果屋顶右高左低，则表明画者比较有智慧。

图114　房屋投射画36

（9）大墙小屋顶（见图115）。

房屋墙壁很大，而屋顶相对较小，如果画者是学龄前儿童则正常，如果画者是少年或成人，则表示他们心理年龄发育迟缓，较幼稚。

图115　房屋投射画37

（10）波浪形屋顶（见图116）。

画这类屋顶的画者适应性比较强，或性格活泼，有活力；或性格温和，能屈能伸；易于交往。

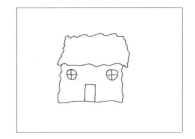

图116 房屋投射画38

（11）虚线型屋顶（见图117）。

画这类屋顶表明画者冲动，注意力不集中；敏感猜疑，精神紧张；毅力不足，刚愎自用；思维跳跃，思绪混乱，急躁无端；说得多而做得少。

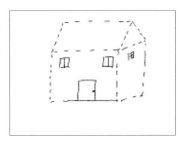

图117 房屋投射画39

（12）抖动的屋顶（见图118）。

画这类屋顶表明画者性格敏感脆弱，容易受他人影响；安全感不足，易怒；时常抑郁，心烦。

图118 房屋投射画40

（13）有窗的屋顶（见图119）。

在屋顶画窗子，说明画者行动力较强。

图119 房屋投射画41

（14）球形或云朵屋顶（见图120）。

这类画品在儿童中比较常见。若成人画这类屋顶，表明他们有不切实际的梦想，情绪不稳定；性格随和，朋友比较多；有时生活在幻想中，天真、幼稚；有较强的想象力，对自己比较自信。

图120　房屋投射画42

（15）浅线条的屋顶。

屋顶的线条描绘很轻，代表不能控制，或不自信，时常有无力感。

（16）粗线条的屋顶（见图121）。

粗线条的屋顶指的是屋顶轮廓线粗黑，表明画者心情焦虑不安，在努力控制自己；极力摆脱空想的生活；可能处于精神病初期。

图121　房屋投射画43

（17）分离的屋顶（见图122）。

生活中的屋顶与墙体是不能分离的，它是房子的"盖子"。如果画者所画房屋的屋顶与墙体分离，则表明画者的家庭可能不稳定，或者其有精神障碍。

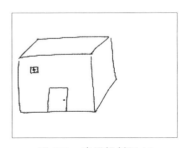

图122　房屋投射画44

（18）与墙体相连的屋顶（见图123）。

画出与墙体相连的屋顶表明画者好高骛远、光说不做。除儿童外，成人画这类画品比较幼稚，表明其处事能力、综合和抽象思考的能力较弱。

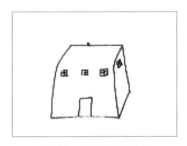

图123　房屋投射画45

6.烟囱

烟囱反映的是性的适应问题、阉割焦虑和同一性，也反映家庭内部是否存在着矛盾与冲突。如果房屋上画出了烟囱，那么可能暗示与家中权威人物有冲突，希望家人给予心理上的关注。如果没有画烟囱，那么可能暗示被动、缺乏对家庭温暖的心理需求。当然，不同文化群体也有不同的表达方式，分析时还应注意烟囱的形状和烟等问题。比如，中国很多地区房屋都没有烟囱，因此很多人的房屋画也不会画烟囱。可是，当下儿童和青少年的画品中却常常有烟囱。是集体无意识，还是从欧美绘本或其他文艺作品中受到的影响？这是一个值得研究的问题。

（1）"十"字状烟囱。

"十"字是基督教的符号，所以，在屋顶画"十"字状烟囱表示强调宗教方面的影响。

（2）阴茎状烟囱（见图124）。

烟囱画得像阴茎的形状，表明画者关心性方面的能力。若是男性画者可能有性功能问题，如阳痿等。

（3）"×"形的烟囱。

在烟囱上画了很多"×"，说明对性有观念上的冲突。

（4）强调烟囱（见图125）。

烟囱被反复描画，或线条很重，都是强调烟囱。表明画者希望获得别人的关心（如果烟是"圈圈烟"，那么3个圈以上需要关注焦虑；如果是浓浓的黑烟，则表明可能有不好的事情发生）；关注性方面的能力；关注权力；关注激发创造力。

图124　房屋投射画46

图125　房屋投射画47

（5）没有烟囱。

在中国，画者不画烟囱比较常见，属正常现象。但有时表示可能处于消极状态，可能缺乏心理上的温暖。

7.台阶和走道

台阶和走道是愿意与人交往的象征，但是，不同的台阶数与不同的路径又有着不同的象征意义。

（1）在屋门前画长的走道或台阶，表示谨慎地让人接近（见图126）。

（2）走道与门未连接，表示想要与人沟通但又有担心和犹豫。

（3）恰当的走道表明在人际交往中的得体和如鱼得水。

（4）道路向左，表示珍惜老朋友，人际局限于过去，对未来准备不足。

（5）道路向右，表示注重新朋友，人际交往更注重新人，可能对老友会有所忽视。

（6）路经过窗下，表示可能离家出走；如果是学生，表示厌学、逃学（见图127）。

（7）路上有石头，表示前进的路上会有困难，人际交往有障碍；若是鹅卵石，可能画者比较注重完美，也可能有美好的事情发生。

（8）路从房屋处向远处变宽，说明画者内心比较冷静，交友是有选择的（见图128）。

（9）没有路，表明画者可能不是一个简单的人，不会盲目跟随他人，也表明画者需要私生活和许多独处的时间。

图126　房屋投射画48

图127　房屋投射画49

图128　房屋投射画50

8.墙壁

墙壁表示抵抗和防御外界攻击的能力、保护自我的能力。画者对墙壁描绘的细致程度与自我的力量有关。

（1）一般来说，坚固的墙壁象征着坚强的自我，一推即倒的墙壁象征着脆弱的自我，即将崩裂的墙壁可能象征人格的分裂。

（2）如果墙上有墙纸，则表明缺乏安全感。如果墙线较淡或没有画完，则表示无力感，可能画者已经接受了失败，不再做任何努力。

（3）如果墙体布满网格，则说明家庭的一种束缚感（见图129）。如果墙体都是砖块，则表明画者性格坚强，有毅力，也强调自我和自信；岩块剥落的墙，暗示不完整的虚弱的自我，不完整的个体特性，或家庭的情感支持不足。

（4）如果墙壁上有阴影，阴影在左侧墙壁则表明画者行动力不足、情感脆弱、性格内向、敏感；阴影在右侧墙壁，则表明画者对未来生活的关注，以及对美好生活的期待，但信心和能力有些不足（见图130）。

（5）如果房屋左侧墙壁宽大，则表明画者畏惧权威；如果房屋右侧墙壁宽大，则说明画者关注未来。

（6）如果房子在树上，则说明对家庭不满意，想找一个新的庇护所（见图131）。如果数面墙在一个平面，则说明家庭关系不好，或是处于分居状态。

（7）如果强调墙壁的水平线，则表明画者可能有情绪问题，也可能有同性恋倾向；如果强调墙壁的竖线，则表明画者可能追求空想的满足，但也表明画者意志坚强。

图129　房屋投射画51

图130　房屋投射画52

图131　房屋投射画53

9.房间

在房屋画中常常会出现"透视墙"，可以看见房屋内的房间，特别是在儿童画中常见。房屋内呈现的房间不同，表明画者心理状态的差异。

（1）强调浴室。

强调浴室表明画者喜爱干净，甚至有洁癖；渴望安全的庇护所，特别是遭遇过家暴的人；爱自己。

（2）强调卧室（见图132）。

卧室是一个休息场所，通过透明墙壁看到卧室，表示画者想休息，想有一个安全的庇护所。

（3）强调餐厅或厨房。

餐厅或厨房是满足口腹之欲的地方，强调家中餐厅或厨房，说明画者喜欢享受美食，也表示对爱有强烈的要求。

图132　房屋投射画54

（4）强调客厅。

强调客厅表明画者关注人际关系和自己的社交网络。

（5）强调游戏室。

强调游戏室表明画者比较注重娱乐和休闲。

（6）强调工作室（书房）。

强调工作室（书房）表明画者注重工作。

10.楼梯

如果儿童在画面上把房屋内或外楼梯画得特别大、特别长，意味着孩子不想回家，对现在的家不满，希望搬到理想的房子里住，也显示亲子关系的紧张和有待强化（见图133）。

11.围墙

房屋加个围墙或篱笆院，表明画者防御心理很强或安全感低。

其他附加物参见树木画附加标记。

图133　房屋投射画55

12.房屋画分析表

房屋画分析表如表2所示。

表2 房屋画分析表

绘画者基本信息	年龄	性别	职业	婚姻状况
画面分析	大小			
	位置			
	视角			
	线条			
屋型分析				
屋顶分析				
墙体分析				
门窗分析				
整合特征及投射的意义				

三、人物画

画人是最基本的绘画现象，也是应用最普遍的绘画技术之一。从儿童到成人都适用。画人其实就是画自己。在心理学领域，自画像已经是一种自我投射的工具。这意味着，一个人怎样看待自己，他就会把自己画成什么样。比如有一位50多岁的女老师无论是画独立的人物像还是房树人中的人物像，她都会给人物着职业装、整齐的纽扣、佩戴项链、完完整整的人像，呈站立姿势。这表明，她很注重外在形象，很在意人们对自己的评价，生活中的她也的确如此。

（一）画人测验的目的

根据测验方式不同有不同的检核目的，一般包含以下3个方面：智力、成熟度；情绪状态，包括正向情绪和负向情绪；人格特点，包括自信、自我意识、责任感、攻击性等。

对于儿童来说，画人测验还可以了解其听力障碍、神经系统疾病、适应问题和个性问题等。

（二）人物画分析

1.人物整体信息

（1）巨大人物，表明自我膨胀、自制力差（见图134）。

图134　人物投射画1

（2）很小人物，表明没有安全感、退缩、沮丧。

（3）火柴人、漫画人等，表明防御或拒绝的态度、对图画要求的不合作、想要隐藏自己、智商低。

（4）整个人物缺乏结构性、整体性，表明挫折容忍度低、容易冲动。

（5）人物倾斜，如果人物倾斜度大于15度，则表明个性变化无常、心理失衡。

（6）完整性，画出全身并有手脚表明自我意识清楚、自我整合良好；只画出脸部、半身或大半身表明自我意识比较模糊、自我整合过程还在进行中。

（7）正面像，自画像是正面表示愿意让别人了解自己；画他人正面像表示对画中人的正面情感和接受度（见图135）。

图135　人物投射画2

（8）侧面像，表明只想让他人了解自己的一部分。

（9）背影，自画像是背面表明一种防御心理，不愿意让人了解自己，不敢面对真实的自我；画他人背影表明对这个人情感上的不接受。

（10）阴影，一般代表焦虑或抑郁；脸部有阴影代表情绪障碍、对自我评价低；胳膊上有阴影代表有攻击的冲动；某个部位涂黑代表对涂黑部位焦虑，头脑里总是想着那个部位。

（11）把整个人都涂黑，表明可能有情绪困扰；对涂黑人的暗恋、对涂黑人或物的担忧。

（12）旋转的人，表示迷失方向、与众不同、需要别人的注意；若画者为男性，则可能会有情绪困扰。

2.头部

头是人智力和行为控制之源。画者画不画头部是自我评价和人际关系的象征。所以，人物画中头部情况分为以下4种。

（1）人像没有头部，表明画者可能有神经症、抑郁症，或者极其内向。

（2）只画了头部，如果画了很大的一颗头，则表明画者对自己的智力极其自信，有着很强的控制欲；如果画了很小的一颗头，则说明画者在压抑自己的欲望；如果头部大小在画纸上适中，则说明画者能够控制自己的欲望，在团队中能够有较好的合作度，若是在管理岗，则能够很好地管理团队。

（3）头部和身体比例失调，和身体相比，如果头部占比较大，那么对儿童来说是正常的；对成人来说则表明他们对自己的智力、智慧和精神评价较高，但也有可能是智力偏低。

如果头部占比较小，一般和自我概念差有关，表明画者可能感到自卑；在智力、人际和性等方面有一种无力感、缺乏感。儿童画中头部占比小于1/5或1/7需要重视，也许是性虐待受害者或依恋心理过强。

（4）如若强调头部轮廓线，则表明画者很要面子，很注重别人对自己的看法。

3.五官

（1）关于五官。

①漏掉五官，这种情况表明画者在逃避人际关系；不能很好地适应环境。

②五官模糊，表示退缩；在人际中的畏缩和自我防卫。

③过分强调五官，表示画者会用攻击性和交往中唯我独尊的方式来弥补自己的匮乏感和软弱。

（2）关于眼睛和睫毛。眼睛是心灵的窗户，所以眼睛传递的信息是最多的。

①目光的方向，一般来说，画中人目光看向不同方向，表示搜寻不同的记忆。向右看表示展望未来；向左看表示搜寻过去的记忆；斜视有猜疑和妄想倾向。

②非常大的眼睛，表明画者外向，强调通过眼睛来获得外界信息，用感性的方式了解世界；如果是涂了阴影代表焦虑，可能有猜疑、被害妄想症等特点。女性画者画较大的眼睛比较常见，属正常。

③非常细小的眼睛，表明画者内向，关注自我，善于自我反省；也可能比较理性，做事讲原则。

④没有眼珠或闭眼，表明画者内向，对环境和外在事物不屑一顾或自恋。

⑤睫毛，一般画者不画睫毛，如果特意画上睫毛，表明画者爱美，或卖弄风情；男性人物有睫毛，表明画者存在性别认同问题。

（3）关于眉毛。画出眉毛表示能较好地照顾他人；仔细描画的眉毛，代表对仪容非常在意；扫帚般的眉毛表示不修边幅；眉毛扬起来表示不屑的态度。

（4）关于鼻子。鼻子代表的基本含义是有主见。强调鼻子，表明画者有主见；也表明有攻击性倾向；性方面有障碍。

（5）关于嘴巴。

①强调嘴巴，表明画者可能有较强的表达欲望，也可能有语言障碍；吃东西与欲望满足、爱的欲望有关；把嘴巴涂成红色，强调女性特征。

②没有嘴巴，表明画者不愿意与人沟通；情绪低落。

③露出牙齿的嘴巴，儿童画露出牙齿是正常的；成人画露出牙齿，表明画者存在攻击性，或虐待倾向。

④"一"字形嘴巴，表明冲动被压抑，或有意志力、坚强。

⑤嘴巴里有东西（烟、烟斗、牙签），表明色欲。

⑥露出较多牙齿或牙齿夸张表明画者存在攻击性。

（6）关于耳朵。

①大耳朵，表明画者对批评很敏感；也有可能代表失聪（见图136）。

②没有耳朵，表明画者很少倾听别人的意见。

③耳朵藏在头发里，表明画者爱偷听。

图136 人物投射画3

4.脖子

脖子连接身体和头部，一般认为它是情绪和智慧之间的连接。所以，画者描画的脖子长度不同、有没有脖子，表示的心理意义也有所不同。

（1）短粗脖子，表明画者有冲动倾向；较粗暴、固执。

（2）长脖子，表明画者想出人头地，有依赖倾向。

（3）僵硬的脖子，表明画者在人际关系方面灵活度不够。

5.肩膀

肩膀是人们用来承重的部位。如果内心压力很大，则人们会下意识地把肩膀画成宽肩或方肩，以承受起压力。

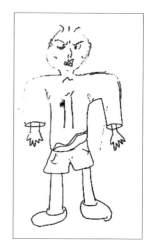

（1）方正的肩膀表示攻击性、敌意（见图137）。

（2）小小的肩膀表示自卑或无力承受压力。

（3）女性画出宽肩或方肩，常表示必须承担重任，或争强好胜。

6.四肢

四肢包括胳膊、手、腿和脚，它们代表了丰富的含义，尤其表明个体与环境如何相处。

（1）关于胳膊。

①两只胳膊粗细不同，表明发展中某些方面的不平衡。

图137　人物投射画4

②两手叉腰表明自恋或倾向权力，或遇事喜欢先观望；双手背到身后表示遇事处理不太积极；双臂向前表示遇事总能以积极的态度想办法解决。

③双手机械地平举，与身体成90度，表示不能很好地适应环境。

④软弱无力的胳膊表明有匮乏感、软弱感。

⑤强调肌肉的胳膊是强调体格的强有力，如果配以宽肩，则表示咄咄逼人或有攻击性。

⑥长而强壮的胳膊表示有雄心壮志，并且愿意付诸行动去实现自己的目标。

⑦非常短的胳膊表示没有雄心壮志，并且缺乏行动力。

⑧没有画胳膊表示有内疚感、罪恶感。

⑨画异性时没有画胳膊表示感到被异性拒绝（包括父母）。

（2）关于手。手是人类制造工具、使用工具的重要部位，表示的最基本的含义是行动力和做事的决心。另外，手还是重要的社交工具，可以表达丰富的语言，因此，手的画法是值得关注的。

①模糊的手表示在人际关系中缺乏自信。

②非常大的手表示具有攻击性。

③涂黑了的手表示焦虑和有罪恶感。

④用手盖住阴部表示自慰。

⑤在画人物时最后画手表示有匮乏感，不愿意适应环境。

⑥手握成拳表示有攻击性或叛逆。

⑦断手表示焦虑或有无力胜任的感觉。

⑧没有画出手表示没有操作能力和执行力，或有自慰的罪恶感。

（3）关于手指。

①细致描绘的手指表示友善、愿意接触。

②像爪子似的尖尖的手指表示幼稚、原始和有攻击性。

③非常大的手指表示有攻击性和侵犯性。

④涂黑的手指代表有罪恶感。

⑤儿童画中没有手掌而直接画手指正常；成人这样画表示退化、幼稚或有敌意。

（4）关于腿和脚。腿和脚都是人用来支撑和站立的，它们表示的最基本含义是踏实、稳定。

①非常长的腿表示强烈需要自主。

②一长一短或一粗一细的腿表示没有稳定感。

③没有画腿或拒绝画腰部以下的部位，可能有性方面的困扰。

④细小的脚表示没有安全感或实践能力差。

⑤没有画出脚表示缺乏准确的定位或是有退缩现象，或没有实践能力。此外，离家出走者也常省略画脚。

7.躯体

躯体与人的基本需求和欲求有关，从躯体的画法上可以看出欲求发展的状况和成长的状态，但大部分人对躯体的画法都比较简单，只是勾画出近似方形或椭圆形来表示。

（1）圆圆的躯体在儿童画中较常见；在成人画中表示性格上的被动，也可能表示幼稚、退化。

（2）棱角分明的躯体表示个性的倔强。

（3）不成比例的躯体表示自卑，或是压抑自己的欲求。

8.服饰

（1）关于衣领。衣领和腰线是女性表示自己特征的部分，强调衣领就是强调女性特征。圆形领是传统女性的象征，表示保守、传统。

（2）关于衣扣。

①衣扣表示依赖性、幼稚。

②如果将衣扣整齐地画在衣服中间表示注重外表（见图138）。

③在衣袖上画扣子表示有强烈的依赖感。

图138 人物投射画5

（3）关于口袋。

①如果口袋画在臀部，表示对性的关注。

②如果男性画口袋，说明幼稚和依赖性。

③如果青少年画很大的口袋，表明在独立与依赖之间存在冲突。

（4）关于鞋子。

①注重鞋子，表明对自己经济状况的关注。

②大大的鞋子表明需要安全感。

（5）关于领带。领带常与性联系在一起。小小的领带可能表示性功能不足；长而夸张的领带表示存在性方面的攻击性。

（6）关于配饰（手表、首饰、皮包等）。如果用了很多笔墨描画配饰，表明很注重自己外在的形象。

（7）关于着装。

①如果女性穿裙装，表明对性别的认同。

②如果男性穿着像女性，可能在性别认同方面有问题。

（三）实践活动

方案一：自画像

指导语：请画出你自己。

检核：对自己的评价。这种评价既包括生理层面，也包括心理层面。

注意：如画中人比画者年龄小很多，表明画者心态不成熟；如画中人与画者体型差别较大，说明画者对自己的体型不满意。

方案二："现实我"与"理想我"

指导语：

（1）请将图画纸垂直对折，展开后在纸上方两侧分别写上"现实我""理想我"之后，再进行人物图像的创作。

（2）折上纸，请先画"现实我"一半的人之后，再在另一半纸上画"理想我"一半的人，两边不要核对，待创作完成之后再翻开进行核对，以了解自己的优势与劣势。

讨论：完成创作之后，检视及讨论自己的优势和劣势有哪些，并讨论如何继续保持自己的优势、如何补救自己的劣势（见表3）。

表3　自我成长表

优势	劣势
如何继续保持	如何补救

方案三："别人眼中的我"与"自己眼中的我"

指导语：

（1）请将图画纸对折，展开后在纸上方两侧分别写上"自己眼中的我""别人眼中的我"。

（2）折上纸，请先画"自己眼中的我"一半的人物之后，再翻过去画"别人眼中的我"另外一半的人物画。

讨论：创作完成之后再翻开核对，以了解我对自己的认识与别人对我的认识是否一致（见表4）。

表4　自我认知表

自我描述	别人对我的描述

方案四：家庭画像

家庭画像一般用来检测家庭关系和家人之间的互动情况。

指导语：

（1）请画一幅全家福。

（2）请画一幅（某个时间）全家人的活动情况图。

图139—图144是6位大三学生的家庭活动情况图"晚上8点家人的活动情况"。

图139　家庭画像1

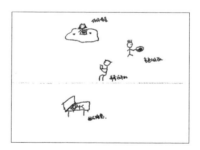

图140　家庭画像2

图141　家庭画像3

图142　家庭画像4

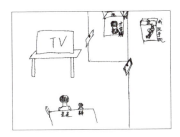

图143　家庭画像5　　　　　图144　家庭画像6

图139：画者一家三口在看电视，说明家人有互动，关系较亲密。

图140：一家人各做各的事情，没有任何互动，关系比较疏离。

图141：妈妈病了，女儿一边做作业一边照护妈妈，爸爸在客厅看电视。显然母女联结紧密。

图142：爸爸看电视，妈妈和女儿一起做事，母女联结紧密。这样家庭就会形成如图145所示的三角关系。我们知道最稳定的是等边三角形，这样的关系显然表明家或家人对爸爸的吸附力不强，外力很容易干扰到他。

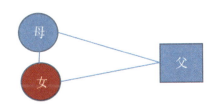

图145　家庭关系三角形

图143：爸爸看电视，妈妈照顾妹妹，画者在做作业。

图144：画者在卧室玩手机，爸爸和弟弟看电视，妈妈做十字绣，这家人几乎无互动。

从上面的6幅图我们看出家庭关系大致有3种（见图146）。

联结紧密　　　　　无联结　　　　　部分联结

图146　家庭关系

一般亲子关系咨询、婚姻关系咨询从来访者的一幅家庭画像就能看见其家庭动力——形成问题的主要因素之一。

（四）房树人整合

房树人绘画分析最早是由美国心理学家约翰·巴克在美国《临床心理学杂志》上发表并做了一系列的论述。他给被试铅笔、橡皮以及几张白纸，要求他们在白纸上描绘房、树、人的图画，然后他根据一定的标准，对这些图画进行分析、评定、解释，以此来了解被试心理状况，判定其心理活动是否正常，为临床心理上的诊断和治疗服务。20世纪60年代，房树人测验被引进日本，并且得到推广应用。在实践中，日本学者将在3张纸上分别画出房、树和人改为画在一张纸上，形成了今天的统合型房树人（HTP）测验。房树人分析法传到中国后，很快获得了发展，特别是由于互联网的发展，推动了心理投射绘画分析的运用领域。这不仅让咨询师获得新的技术，也为人力资源管理人员提供了解人、识别人的重要理论支持和实践方法。对房树人分析技术的推广运用，是划时代的。目前从文献发表的数量来看，随着近年来心理学的蓬勃发展，房树人测验的研究受到越来越多学者的关注。

1.关于房树人测验

因为房树人依据的是投射理论，把我们内心模糊的、抓不到的心理世界，具体化地投射在一张白纸上，所以通过房树人，就有了被看到的可能，有了可操作性，有了可以被分析的可能。那么，房树人相较于其他测验工具，有什么优势呢？与精神分析疗法、行为疗法、认知疗法、人本主义疗法等相比，房树人测验有4个独特的优势。

（1）图画传递的信息更丰富。依赖语言咨询的技术靠的是"问答"来描述自己的故事和内心的感受，如果没有询问到的问题，一般来访者不会"想"到；或许咨询师询问到来访者不愿意触碰的问题，即使问也不一定答。绘画投射就不同了，画中传递着画者的情绪、智力、人格、能力、人际关系以及心理健康程度等信息，无论是否问及，内心的故事都会被描画出来。也许这个故事已经很久远，也许画者并不接受，但它却一直住在其内心；也许是一种压抑导致其莫名愤怒；也许是一种被抛弃感让其长期感觉委屈导致人际关系不佳……一幅画就是一个人的内在世界。

（2）不易造成伤害。荣格曾说"我画我心"。我们在绘画过程中描绘的是我们内心的故事，是最真实的"情结"表现，没有人"逼问"，更不会令画者难堪，二次受伤。而这一过程恰恰是给体内"垃圾"找了一个出口，随着笔尖流了出去。

（3）适合所有人。婴儿即会涂鸦，幼童即可作画，人人拥有用绘画表达情感的能力，所以，男女老少皆可接受房树人测验。

（4）简单便捷。早在20世纪五六十年代，人们还需要一支笔在3张纸上分别画出房屋、树木和人物，现在整合后的房树人只需一支笔、一张纸即可，比任何心理测验都简单易行，工具的获得又十分便捷。因此，房树人测验得以被广泛应用。

2. 房树人测验方法

测验准备。一般来说，在进行房树人测验前，要准备好A4纸、签字笔、铅笔、彩笔和橡皮。各类笔供被试自愿选择；橡皮不主动暗示，如若画者使用了橡皮，要记录其使用频次。

指导语：请你画一幅画，画中要有房子、树木和人，其他元素自己决定。

绘画时间：最初用于智力测验一般限时为房屋11分钟、树木9分钟、人物11分钟。但是用于心理咨询服务则不限时间。

过程记录。一般在绘画者作画过程中，咨询师会观察并记录如下内容：

（1）房、树、人的绘画顺序。

（2）绘画过程中是否有停顿，画到什么内容时有停顿。

（3）绘画过程中是否有擦涂，画到什么内容时有擦涂，擦涂了几次。

（4）绘画过程中画者的情绪状态以及情绪变化的对象。

（5）绘画作业态度是否认真、一丝不苟，或是无精打采、懒洋洋、慢吞吞、粗枝大叶、不细致、敷衍了事，也可以观察画者绘画时是有安定感、积极，还是不安、散漫等。

3. 房树人绘画分析

前面我们已经介绍了树木画的投射分析、房屋画的投射分析和人物画的投射分析，所以，在这里我们不再赘述，重点讨论在房树人整合画中，三个元素之间的关联，如距离远近、排列空间以及画中的附加成分等。

（1）画面大小。画面构图大于2/3纸，表明强调自我存在、活动过度、对环境感知无压力，但内心充满狂躁、妄想、攻击、敌意。如果画面小于1/9纸，说明不适应环境、自我抑制、内向、自尊心弱、有自我无力感、自卑、焦虑不安、害羞、活动少、精神动力不足和退行（见图147）。

（2）要素大小和顺序。构图是我们对画面的总体印象，也是最直观的情感表达（见图148）。三个要素中哪一个要素大，说明哪一个要素对画者最重要；画者先画哪一个要素，说明哪一个要素是画者最惦念的。例如，画者先画了一座大房子，是三要素中构图最大的，说明家对画者最重要，至于家中的故事和家人的关系，则要看房屋上的诸要素。又如，画者先画了一棵树，而这棵树是三要素中构图最大的，说明"自我成长"在画者看来最重要，超过了家和其他一切，也许是有成就动机者。如果"人"的构图最大，说明画者最爱自己，比较自信，可能也比较自我。

（3）三要素的空间位置。在房树人图画中，如果所画的房、树、人三者平面排列（见图149），则表明个体处理事情缺乏计划性。如果房、树、人三者之间处在前后上下的位置，则表明画者对现实的感知能力正常。如果三个要素比较分离，则说明画者想要逃离现实。

（4）三要素外的元素。如果在绘画时添加了房、树、人以外的元素，则表明画者乐于表现自己，掩饰力较差（见图150）。

（5）分析顺序。在房树人图画中，每一个元素都有自己的象征意义。因为房树人绘画比单棵树木画、一个人物画或一个独立的房屋画元素要多，所以在分析时要有顺序地分析，否则就会因混乱导致遗漏某些元素。

图147 房树人投射画1

图148 房树人投射画2

图149 房树人投射画3

图150 房树人投射画4

第一，看整体。也就是说先看一下画的整体感觉，包括画面、大小、构图、色彩、是否切纸边等，以及画的主要故事是什么。

一是画的感觉（和谐感和违和感）。画面感觉和谐、比例恰当说明画者对环境较有安全感，家庭环境、人际关系较好。画面让人觉得不舒服，或者压抑，或者凌乱，具体情况则要根据其特点进一步进行分析。二是画面大小、细节重视度。如果画面较大、细节清晰，则表明画者比较自信；画面较小、细节又欠详细，则说明画者较自卑。如果画面过大，则画者可能有自恋的倾向，对他人可能有过度控制；若画面过小，则也许画者自卑或自我评价较低。如果构图过度追求细节，则画者也许是个完美主义者，对人对事要求高，喜欢责备求全。如果画面过度模糊，则画者可能处于混乱状态。三是画的布局。整个画面居中，说明画者以自我为中心；画面偏左，说明画者关注感情世界，留恋过去；画面偏右，说明画者较关注理智世界，寄情未来；画面偏上，说明画者追求精神生活，容易沉浸在幻想中不能自拔；画面偏下，说明画者较关注现实，追求安全感。四是画面被纸切断。左边切断表明画者对过去的人和事留恋，对未来有不确定感；想开始新生活，又存在矛盾。右边切断表明画者想逃离过去的人和事，心理矛盾，不知所措。上边切断表明画者沉溺于幻想，行动力差，追求的目标过于理想化。下边切断表明画者受现实环境影响大，压抑自己的情绪，不敢表达。

第二，看房屋。看看房屋是暖色调还是冷色调，是开放的还是封闭的，房屋是稳定的还是摇摇欲坠的，是豪华的还是简朴的，也就是对房屋的屋体、门窗、墙壁等逐一进行分析。

第三，看人物。看看画中有几个人，他们正在做什么，在屋内还是屋外，画中人的主要情绪是什么，强调什么部位，有什么部位被遗漏，几个人物相互之间有没有互动关系。

第四，看树木。看看画了几棵树，树的生命力如何，树冠、树枝、树叶、树干、树根分别有什么特点，是否有果实，是否有小动物，树木的位置如何，等。

第五，看房树人三者之间的关系。看看三者的空间位置和相互距离怎么样，三者所占的空间哪一个最大、哪一个最小，人与树、屋之间是否有互动。房树人画的优势在于可以观察三者之间的互动，所以三者之间的关系应该是重点考察的内容。

第六，看是否有附加物。看看画中是否有太阳、月亮、星星、云朵等，它们的位置和大小如何，是否有动物，是性情凶猛的动物还是性情温顺的动物，是否有山、河、桥梁，它们的位置如何。房树人绘画中的附加物形式多样，世间万物都有可能被投射进来。

4. 附加物

在房屋画、树木画、人物画和房树人画中，画面上描画出的房屋、树木、人物或房树人整合中的房子、树木、人均属于主题要素，但有些画者还会在画纸上画出一些非主题要素，如太阳、星星、月亮、河流、动物、花朵等。然而，画纸上出现的任何一个信息都是有意义的。因此，我们在此讨论的非主题信息，适合本章任何一个主题绘画投射分析。

（1）太阳。太阳是绘画投射测验中最常见的非主题信息，但是太阳在画纸中的位置、光芒的强度、完整性和被涂的颜色，都反映着画者的心理状态。

黑色的太阳表示家庭生活不安，对家庭生活不满、不快乐；如黑色的太阳还拖着很长的光芒，则表示有一件很不寻常的事要发生。明朗的太阳表示快乐、开心。拟人化的太阳，如是5~6岁孩子所画，表示智力极高，懂得取悦父母（见图151）。暗淡的太阳可能代表忧愁。画中人朝向太阳表示寻求温暖，远离太阳或背对着太阳表示拒绝温暖。

图151 房树人投射画5

在画纸左上方的太阳代表女性的爱和价值观开放，右边的太阳代表传统、守旧和男性的爱，中间位置的太阳表示当下需要关爱。完整的太阳表示已经得到了想得到的关爱，不完整的太阳表示还没有得到想得到的关爱。这里所描述的男性和女性包括父母、配偶、老师、单位领导等。

（2）星星、月亮和心形。画中出现星星、月亮和心形图标，代表孤单，需要父母及亲友的爱（见图152—图153）。圆月还代表思念。如果月亮和太阳同时出现在画面中，这在现实生活中是不可能的，则此时的太阳代表阳性，月亮代表阴性，也就是表示有特殊关系人的相互思念。

（3）雨、雪。除了雨中人主题绘画中的雨之外，画者如果画了雨则表示情绪低落；画了雪则表示内心的冰冷感、抑郁或有自杀倾向。

（4）电灯、日光灯、电炉。这些非主题信息表示画者需要爱和温暖，孩子期盼父母给其快乐的生活。

（5）云。一般来说，3朵以上的云表示画者有些焦虑，尤其是缠绕在头脑中的引起焦虑的事件（见图154）；如果是乌云，则表明画者感到很压抑。

（6）花朵和草。花朵代表美丽的爱，表明画者渴望爱和美。小草代表生命力、有外遇倾向或愤怒的情绪；如果是很密的草，则表明画者有焦虑情绪（见图155）。

（7）蝴蝶。如果蝴蝶出现在树木上，则可能代表难以捉摸的爱；如果在画纸的其他位置，则表示转化（见图156）。

（8）山、围墙、秋千。房前有山代表困难，房后有山表示希望有靠山（见图157）；房屋有围墙代表防御心很强，也许没有安全感，或是自我保护；秋千代表人际关系，如秋千上无人表示孤单，但秋千挂的位置不同，也会有不同的含义。

（9）河流。河流很重要的一个功能是水上的运输作业，能够促进经济的发展。所以，画品中出现河流，表示画者在考虑经济问题。若河中有鱼，说明画者的经济条件较好；若河中有鸭，可能需要母亲的陪伴（见图158）。

其他附加信息参见树木画和房屋画分析的附加信息。

图152　房树人投射画6

图153　房树人投射画7

图154　房树人投射画8

图155　房树人投射画9

图156 房树人投射画10

图157 房树人投射画11

现在，房树人投射分析技术不仅仅用于人格测验和心理疗愈，更为人力资源工作提供了有效的支持。此外，在企业管理中，房树人测验用于对测试者的心理健康倾向、人际交往倾向、管理控制倾向和自我控制情绪状况的判断，为企业特别是中高层管理干部的选拔提供可靠的依据，同时也为在职的干部提供性格改善和成长的帮助。

图158 房树人投射画12

四、雨中人

画雨中人（Draw a Person in the Rain，DAPR）是绘画投射测验的一种方法，指导语非常简单："请画一个雨中的人。"主要用于考察人们在压力情境下的反应。该测验画中的雨象征着外界压力。该方法最早由艾布拉姆斯（Amold Abrams）及阿姆钦（Abraham Amchin）提出，根据所画"雨中的人"来考察画者在压力下，会调动怎样的资源来应对压力。如果用了，是用何种资源？画者的应对方法是否有效？其情绪状态如何？其计划性如何？在这种不愉快的情景中，画者会使用何种防御机制——迎接挑战，还是退缩？

在雨中人测验中，雨点的大小和密集、杂乱程度反映被试近期所感受到的压力。雨看起来越大、线条越乱，表示画者压力越大、心情越焦虑。人物的表情反映出被试对于压力的感受：如果人物是微笑的，说明对于压力并不是很在意；如果人物愁眉不展，说明压力已经对被试产生了影响。

人物的面向角度及表情反映被试对于压力的表达。正面面向表示直接将自己受到的压力公开呈现；侧面面向表示对于自己受到的压力只表现出部分；背面面向表示自己一个人默默承受压力，不向外界表现。

画中人物是否有防雨工具（如雨伞、雨衣），以及工具在图中所占据的位置大小，反映出受测者对于压力有没有方法去应对，应对的态度是积极的还是消极的。

1. 雨中人分析

（1）雨大，有雨具。如果画面中雨很大，但画中人有伞或有躲雨的地方，表示画者虽然有压力，但也有很好的自我保护意识，会有自己的发泄方式，会避开压力和伤害。如图159所示雨很大，虽然没有伞，但是"人"是躲在了公交站亭的下面。

图159　雨中人投射画1

（2）大雨，没有雨具。如果画面中雨很大，但雨中人没有任何雨具，也未躲在遮挡雨的地方，甚至还有雷电，说明画者遇到压力时，常感到无力、无助，有一定的依赖性，虽不满环境但又没有离开环境的行动，他们常常是环境的牺牲品。

（3）大雨但有陪伴者。如果画面中雨很大，但有爱人和孩子在身边，一家人打着伞，说明画者有一定压力，但有强烈的结婚意愿，渴望家人的陪伴。

（4）一个人打伞。一个人在雨中打着伞表明画者能够抵抗压力（见图160）。

图160　雨中人投射画2

值得注意的是，有的画者在画雨中人时，雨很大，人没有打伞，但画者表示："我喜欢在雨中漫步。"这样就要对其压力应对方式进行谨慎解释，也需要聆听画者的表达。

画中人物的情绪状态，表示现阶段的主要情绪；画中出现的其他人，表示现实中或理想中重要的人；画中出现动物，先看动物与人的互动，这时的动物可做动物本身解释，也可以代表其他。

2. "雨"分析

雨滴的大小，表示压力的大小，雨滴越大，压力越大。雨滴的方向，代表压力的来源：雨滴从左往右斜向下，表明压力来自过去；雨滴从右往左斜向下，表明压力来自未来。

3. "绘画顺序"分析

一般画"雨中人"是先从头部开始，然后是身体，再然后是伞，最后是雨滴。

如先画人，表示首先关注自己；如画人先画脚，表明在生活中容易把问题复杂化。

如先画遮雨物，则首先考虑减压方式；如遮雨物是伞，表明自我意识过于强烈，极度渴望安全感。

如先画雨，表示遇到问题首先考虑问题本身。

目前，国外学者已经把"雨中人"绘画分析广泛地应用于个体对压力体验的投射、压力应对的方式和适应情况的实证研究中。但是"雨中人"绘画分析在国内研究领域和临床实践中的普及度和重视程度目前并不高，还有待研究实践与推广。

五、自由绘画

自由绘画就是来访者任意绘画，不像前面讨论的画一棵树、画一座房或画一个人那样有特定的要求、固化的要素。自由绘画是依据画者当时的心境决定其绘画的内容。一般指导语为："请你画一幅画。"前面我们已经讨论过，绘画是把人们看不见、摸不着的东西，用图像表达出来，这种方式是一种表达无意识的工具，因此人们在绘画时会在图像中把自己的性格倾向、心理需要、心理问题投射到图像画面里。

随着人们对绘画艺术的认识，绘画也被广泛地运用到心理疗愈工作中。

（1）抑郁症、焦虑症。国内外不少研究发现绘画在处理情绪障碍，尤其是轻、中度抑郁等方面作用突出。因此，自由绘画在改善儿童、青少年情绪障碍方面具有显著作用。不受任何"约束"地自由绘画能帮助其释放情感冲突，更好地缓解其抑郁状态。

（2）精神分裂症。绘画疗法用于精神分裂症治疗的研究报道比较多，绘画疗法能缓解精神分裂症患者的症状，促进其自我概念的提升，改善社会功能障碍。绘画创作过程还可以提高精神分裂症患者的自尊水平，特别是对慢性精神分裂症患者的阴性症状（思维贫乏、情感淡漠、意志缺乏或减退等）有明显效果。

（3）自闭症。绘画作为人类的第二语言，能有效地提高自闭症患儿的社交技能。因此，绘画作为一种非语言工具，对自闭症儿童来说，具有很多其他治疗无法比拟的优势。

综上所述，自由绘画的"自由"让这一活动在人类生活中有着许多积极的作用。这种"自由"没有特定的绘画要求，画者随心画，但图像的象征意义却有着特殊的功能，传达着思想和情绪。所以，不同阶层、不同心理需求者随意画出的图画都是他们当下人格和心思的最好表达。不过解析画品对于咨询师要求较高，因为首先要理解画面，进而才能精准分析；其次要读懂画面，进而才能读懂画者，这样才能给予精准帮助。

（一）咨询师要有深厚的文化底蕴

一个咨询师的文化底蕴不仅决定着他对画面投射出来的心理故事的理解、分析能力，更重要的是，只有咨询师具有丰厚的文化底蕴，才能"读懂"画者的生命故事。

案例

如图161所示是一个大三学生学习绘画投射分析后在校园里实践时收到的一位大一学弟的作品。因为这位同学对这幅自由绘画的分析未令学弟满意，于是找老师讨论：

学生分析：你（画者）内心为某件事充满矛盾和冲突，就像有两只手在抓挠，自己很痛苦，内心在流泪。

老师分析：你是一个充满正能量的男生，你追求纯粹的内修与道德价值，无论在与人

图161　自由投射画1

相处或独处时。对大学生活也有很大的期待和憧憬，可是到了学校，你发现同学之间不是那样的一种纯粹，甚至有的同学的行为让你不能接受或认同，因此，你的内心开始流泪，可又无处诉说……

老师说完，那位学弟满面笑容，并冲老师竖起了大拇指。

（二）咨询师要有敏捷的思维

思维能力是指通过分析、综合、概括、抽象、比较、具体化和系统化等一系列过程，对感性材料进行加工并转化为理性认识来解决问题的能力。如果运用自由绘画技法助人的咨询师思维能力不足或不敏捷，就很难迅速对画面有很好的理解，更不可能读懂画者，也不能为画者提供精准帮助。

案例

如图162所示的作者21岁，女，大三学生，未婚。因自残寻求帮助。

她首次咨询，落座后主动问："老师，你知道这么热的天为什么我不穿短袖（衣服）吗？"

老师说："我猜你一定有个故事。"

于是，她拉起左袖，露出条条伤疤。

老师把一张A4纸放在她面前，说："请你画一幅画。"

图162　自由投射画2

她问："画什么？"

"想画什么就画什么。"老师说。她画完这幅画，老师指着画中的小女孩问："她几岁？"

她说："5岁。"

于是，老师从她5岁时开始讨论。因为这幅画，老师看见了一位缺少爱、孤独但心中又有着远大理想的小女孩。后来经过7次咨询，女生停止了自残。毕业后，她这位教育专业的学生居然又去学习了心理学，现在已经是一位心理咨询中心的老板。

如果接案的老师思维不够敏捷，就不可能从背影、灯、空椅子和远方的松树等要素综合分析出女生的童年故事，一定抓不住故事开始的时间（问题产生的时间），就不可能高效地解决问题。

（三）咨询师要有分析表达能力

面对一个没有标准答案的画品，若要进行画面扫描，并能迅速理解构图、听见来访者的心声，同时还能流畅地表达出对画品的理解，就需要咨询师既拥有较高的分析能力，又拥有较好的语言表达能力。因为在咨询现场我们不可能说："等一下，让我想想。"如果这么说了，来访者会觉得这个咨询师读不懂他，水平不高，很难建立起信任感。

尽管自由绘画咨询师在使用该技术工作时有一定的挑战性，但是在日常生活中，自由绘画有着广泛的用途。比如，有压力时随意画画，也许负面情绪就慢慢少了；如果感到愤怒，随意画画，也许在笔与纸的摩擦中，渐渐就冷静了。自由绘画也可以成为心理保健的"涂鸦日记"，人人可用，天天可画。如若能不断地与画面对话，我们就能打开通往灵魂的大门，加强与自身灵魂的连接，提升对自我本质的感知。

作为咨询师，或若希望成为绘画分析师者，更应该建立起这种绘画习惯并培养用涂鸦对话的能力。

实践案例

妙用自由绘画

案例背景

冬冬，男，某小学二年级学生，每天早上起床磨蹭、丢三落四而接受咨询（其实他患有注意力缺失症）。

咨询摘录

咨询师：请你画一张图，让我看看谁在早上起床时找你麻烦。

冬冬：嗯，我不知道，我猜好像是因为晚上睡得晚，早上起床才困难吧。

咨询师：我很好奇，是什么让你晚上睡得晚，可不可以把晚上入睡的情况给画出来？

冬冬：（先停顿了一下，然后好像将注意力集中在内在经验上）每天晚上都睡不好，满脑袋烂事儿。

咨询师：可不可以把那种感觉画下来？

（冬冬动笔作画，画出了如图163所示的画作。）

冬冬：（画完画，靠在椅背上呼了一口气）每天晚上都特烦。

（有些注意力缺失症患者有睡眠问题。）

图163　冬冬绘画1

咨询师：如果那时你想说话，你会说什么呢？（在问问题的同时，咨询师轻轻地把图163移到了旁边，在他面前放了一张新的A4纸。）

冬冬：（马上就在纸上写了起来，如图164所示）都走开！我想睡觉！（写完后他又呼了一口气，好像又完成了一件事。）

咨询师：请把这句话大声念出来。

冬冬：都走开，我——想——睡——觉。（他读出了刚才自己写下的字，但声音很小，很轻。他的声音和刚才写的文字似乎有些不匹配。）

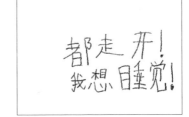

图164　冬冬绘画2

咨询师：请再念一遍，这次要大声念呀。

冬冬：哦，等一下。（他在写字的纸上画了一个愤怒的自己，如图165所示，这时态度坚定了许多，大声读了一遍，让他的内在经验符合他的想法和外在表达方式。然后深深地吸了一口气。）都走开！我想睡觉！

冬冬：（咨询师把他画的3幅画按顺序

图165　冬冬绘画3

摆放在他的面前，他突然惊叫起来）哇，原来我也可以把那些烂事儿通通赶走。

咨询师：是的，而且我还可以帮你获得再多一些大自然的能量。

（咨询师让冬冬闭上双眼，放松身体，带领他进行了5分钟的冥想活动。）

咨询师：你现在有能力解决早上的麻烦了吗？（咨询师在他面前又放了一张 A4 纸。）

冬冬：（很快又画了如图166所示的画作）
明天起，闹钟一响我立马坐起来穿衣服……

通过这样的"沟通"，两个月后冬冬的睡眠问题基本得到了改善。

图166 冬冬绘画4

与传统的心理咨询相比，绘画投射技术是运用非语言的象征方式表达出无意识中隐藏的内容，来访者不会感觉被攻击，阻抗较小，容易接受，有利于真实信息的收集；绘画方法不受语言、年龄、认知能力及绘画技巧的限制；实施不受地点和环境的限制，并且可以灵活采取单独或集体进行的方式。

实践证明，绘画投射可以使来访者通过正当的方式安全地释放毁灭性能量，使来访者的焦虑得到缓解、心灵得到升华；同时绘画投射测验可以多次使用而不影响诊断的准确性。但同时我们也要看到，绘画是一定文化下的产物，绘画疗法是在西方发展起来的，缺乏本土的研究数据。因此，我们破除了欧洲的绘画投射分析"规条"，融合了中国文化和科学理论。在绘画分析过程中，首先倡导绘画投射分析要结合东方文化的背景。其次，绘画投射分析要求咨询师不仅要具备心理学的理论基础和实践经验，还需要对文化、哲学、绘画艺术有一定的认识，并且必须经过专业的绘画心理分析训练。最后，咨询师进行绘画心理分析时会受到自己知识背景、生活经验等的影响，使得分析结果缺少一定的客观性。因此，咨询师在使用该方法进行咨询时，要谨慎细心，必要时要采用其他心理咨询的方法加以辅助。

小 结

1.绘画投射技术是运用非语言的象征方式表达出无意识中隐藏的内容，来访者阻抗较小。

2.绘画投射测验可以多次使用而不影响诊断的准确性。

3.本书中我们破除了欧洲的绘画投射分析"规条"，融合了中国文化和科学理论。

4.目前本土的绘画投射研究数据还比较匮乏，真正用数据反映绘画投射的效能还需时日。

5.咨询师在使用该方法进行咨询时，还要采用其他心理咨询的方法加以辅助。

思考与讨论

1.为什么说绘画是无意识的表达？

2.自由绘画有疗愈功能吗？

3.如何成为一名优秀的绘画咨询师？

曼陀罗

第一节　曼陀罗与心理咨询

一、什么是曼陀罗

曼陀罗在印度被视为神圣的植物。它有毒性，却能入药用于解毒、镇静、止痛，也有麻醉之功能。《荷马史诗·奥德赛》中对曼陀罗有这样的描述，那药草根呈黑色，花的颜色如奶液，神明们称这种草为摩吕。摩吕草正是赫耳墨斯交给奥德赛的神草，奥德赛用它医治女巫喀耳刻的迷毒。李时珍在《本草纲目》中对曼陀罗的药用价值也有详细的记载。曼陀罗花头较圆，花冠像喇叭，花白色。曼陀罗花意为聚集，象征生命的圆满，生命力顽强，拥有神秘的色彩与神奇的传说。

曼陀罗译自梵语，意为圆圈，也为坛城，一种象征性图案。在佛教中，坛城被视为一个神圣的空间，因此，佛教徒常在修法处绘制方圆相间、构图对称且井然有序的图案，色彩绚丽，光华夺目，被视为一种象征且深具特殊的艺术魅力，使曼陀罗走进了艺术的殿堂。如今，"藏族艺术家们所绘制的曼荼罗图像，无论是在气魄或规模上，还是在取材、形象的刻画上，表现力高超，想象力丰富，堪称人间绘画、工艺技术之精华。在世界工艺美术史上占据着相当重要地位，是十分宝贵的民族文化遗产"。曼陀罗超越了空间，当然它也包含着洞察幽明，超然觉悟，幻化无穷的精神，即所谓"一花一世界，一叶一如来"。

随着曼陀罗内涵的发展，它代表的意义也更多。我们这里要说的曼陀罗是指结构完整，方圆相结合的象征性图形。每一个曼陀罗图形从中心向外延伸，具有周期性的对称，象征宇宙中能量的循环，人们在观看时自然感到和谐宁静。曼陀罗绘画是指通过各种工具或徒手制造这些图形的过程。

今天在生活中我们到处都可见"曼陀罗"图案（见图167—图170），它

图167　汽车灯　　　　　　　　　图168　纸伞

图169　花朵　　　　　　　　　图170　桌布

成了一种美好的符号。那么，曼陀罗与心理治疗有什么关系呢？这还得从心理分析大师荣格说起。

二、曼陀罗与荣格

曼陀罗成为一种有效的心理疗愈方法，我们不得不说说精神分析学派的创始人弗洛伊德和他的学生荣格。1907年荣格在维也纳与弗洛伊德会晤，弗洛伊德很欣赏荣格，但是他们两人的学术观点有点不一致，弗洛伊德喜欢"批评"荣格。后来，荣格和弗洛伊德决裂。1913年荣格不再参与精神分析运动。1914年后荣格开始使用"分析心理学"这个术语，以此将自己的思想和分析方法与弗洛伊德的区别开来。荣格带着深深的心理创伤回到家乡后就抑郁了，40多岁的荣格几乎被无意识吞没，遭遇了巨大的痛苦，时常出现幻觉、幻想。此后，每一天他都将自己的梦境画下来。他无止无休地创作了成百上千个图形、对称的图案。后来荣格才发现，这些圆形图案原来就是曼陀罗。

荣格一直处于深度的内省状态，全心全意研究自己无意识的心灵历程，把他的幻想、感受、思想写在了日记里。这就是后来出版的《红书》。《红书》对心理治疗影响深远，是荣格患病的经历和对心理变化的探索，他把对无意识深层的东西写了出来，并且进行了对话。打开《红书》，第一幅画就是曼陀罗，一圈一圈的东西围绕着中心转。

起初，荣格每天都把自己的梦画出来，虽然他也不知道自己画的是什么，但他正是在每天的绘画中自我疗愈了。后来，他对这段时期的经历进行分析，其中形成的自性理论成为心理分析学派的特色。今天我们可以在《红书》《回忆·梦·思考》等多部荣格的著作中看到他当年画的大多都是曼陀罗图案及对这些图案所进行的积极想象。

荣格的第一幅曼陀罗是1916年绘制的，名为《万物体系》。依据荣格自己的解释，对于这幅曼陀罗，他当时并不知道它的意义所在。但他却在这幅曼陀罗草图背面用英文写道："这是我的第一幅曼陀罗，绘制于1916年，完全在无意识中完成。卡尔·荣格。"2011年，心理分析师唐纳德·哈姆斯分析了这幅曼陀罗，他认为：荣格表面似乎是在为世界物种定位排序，实际上是通过象征的方式保持内心的平衡与秩序。

还有两幅曼陀罗作品经常被荣格引用在后期的著作中。一幅叫《四位一体》，其中心有一个太阳，太阳周围有16个小圆球及装饰品，最外周有4个圆，分别位于上下左右4个方向上，每小圆内有一个人的图像。荣格自己解释，（曼陀罗）核心的白光（太阳）是来自太空的闪烁。第一圈象征的是生命种子；第二圈的四种基本颜色表达着宇宙的基本原则；第三圈和第四圈表达的是内在与外在的创造力；最外层的4个圆圈所表达的是光明与黑暗的男性和女性灵魂。但后来，他又有新的分析。他认为：外围四个圆展示了人格的4个方面，或者说属于自性边缘的4个原型意向。两个女性的意向不难认出是阿尼玛原型。老人对应的是智慧老人，而黑暗地狱的形象是智慧老人的对立面，称为神奇（有时是破坏性）的路西法元素。用4种颜色绘制的16个圆球来源于眼睛，它们象征着意识的观察与分辨功能。同样，在外圈的装饰品好像是从外界接受事物，都朝向内圈，如同把外面的内容倾注至中心一样。这就是自性化的过程中，把早期投射的能量流再一次回收并且整合至人格中心来。另外，中心的太阳象征着它所认为的自性的原型。

另一幅曼陀罗作品是《星星》。从这一幅曼陀罗看，荣格能够把难以名状的无意识心理特质（阿尼玛和阴影）用清晰的意象表达出来，并试图整合，也是上一幅《四位一体》的延续。荣格认为这幅图用星星来象征着中心，这是非常典型的意向。太阳是一颗在天空中能够发光的星星，展现了内在的自性，代表内心自性的星星呈现在紊乱无序的无意识中。该作品用4种颜色来强调4个方向辐射的结构。这幅曼陀罗最为重要的一点是把自性的重要功能定义为对抗紊乱。从这幅曼陀罗作品和荣格的相关阐述可以看出，在绘画此画时，荣格虽未能理解其意义，但内在的自性原型已经发挥其整合功能，荣格内心的紊乱已经得到整合。当然，这幅画的重要意义还在于它让荣格更明确了自性整合对立、混乱的功能。因此，人们把这两幅曼陀罗画视为荣格在面对无意识和自我疗愈的中期作品。

《永恒之窗》是荣格根据他的一个梦境绘画出来的。他梦见自己出现在英国，在某个雨夜与一群瑞士朋友走在街道上，不久他们遇到了一个形状如同车轮的十字路口。好几条街道从这个车轮辐射出去，而岔路口的中心则是一个广场。广场的中央是一个圆形水池，水池的中央是一个小岛。虽然四周很黑暗，但中心的安全岛却十分明亮，安全岛上只长了一颗开满红色鲜花的木兰树。他的同伴似乎看不到那棵树，而荣格却被它的美丽所征服。在《原型与集体无意识》中他评论说："这幅画包括了画、星星、圆圈，打算把城市分成由中心向外周辐射的布局。整个看起来，如同一扇向未来打开的窗户。"

关于这个梦境和这幅曼陀罗作品，荣格在《回忆·梦·思考》中写道："通过这个梦，我明白了，自性就是方向与含义的原则与原型。其治疗性作用就存在于其中。对我来说，这种顿悟暗示了通向这个中心——因而也就是到达这一目标的方法。有关我本人的神话的第一点细微迹象也从中产生出来了。"看来到了后期，荣格除了体悟出曼陀罗的自性意义之外，更是悟出了曼陀罗的疗愈原则和方法。

《黄金城堡》是荣格最后一幅曼陀罗作品，绘制于1928年。这是一座中世纪的城市，拥有城、护城河、街道和教堂，被规划为两层。内层中心的城市同样由墙和护城河组成。这些建筑都朝内，所有的事物都向着中心。中心是一座有着金顶的城堡。至此可以看到，荣格内心已经呈现和谐有序的状态，并能够通过这些曼陀罗来理解内在心灵与外界现实世界之间的关系，从而催生了共时性概念。

后来，荣格更深入到集体无意识中，认识到曼陀罗与自性原型、共时性之间的关系。《永恒之窗》与《黄金城堡》是荣格曼陀罗绘画后期最重要的作品。今天人们把它们定义为荣格曼陀罗绘画的后期作品。

1918—1919年间，荣格经常画曼陀罗，画了多少幅，他自己都记不清，但在绘画曼陀罗的帮助下，荣格发现自己的精神发生了变化。所以，绘画曼陀罗这段经历不仅疗愈了荣格，更让他理解到集体无意识的存在，并把曼陀罗作为自性原型的重要象征，正如他在《回忆·梦·思考》中所说：真正的曼陀罗是成形、变形、永恒的心灵的永恒创造。这便是自性即人格的完整性，从而开创了心理分析的自性理论。在该理论中，荣格向我们展示了自性与曼陀罗为本质与现象、原型与象征的关系，二者密不可分。后来荣格的自性理论成为心理分析最为重要且最有特色的部分，并为西方心理学与东方文化修建了沟通的桥梁。

凡·高曾经说过："我梦想着绘画，我画着我的梦想。"而曼陀罗绘画则是，我参与着绘画，我画着我的内心。

第二节　曼陀罗咨询的基础理论

曼陀罗用于心理咨询离不开荣格和他的分析心理学理论，否则就难以理解来访者的曼陀罗作品背后的故事，进行"疗愈"将无从下手。荣格的分析心理学博大精深，涉及大量神话、童话、炼金术等方面的知识，本节我们仅讨论分析心理学理论与曼陀罗绘画作为咨询工具的相关内容。

一、内倾与外倾

荣格根据个体心理能量流动的方向，把个体分为内倾（introversion）和外倾（extroversion）两种态度。内倾型的人心理能量流向内在世界，他们善于向内思索，思考自身；外倾型的人心理能量导向外部，他们善于向外探求，靠近客观世界。任何人都可以按照性格特征被归入其中一种类型。荣格认为，内倾型的人有犹豫不决、沉思内省、回避客体、孤独离群，甚至带有一点自我防卫的特点。而外倾型的人适应性较强、容易相处、坦率诚恳、乐于助人。荣格还在心理分析研究中发现，如果个体在成长过程中，天然属性在外界的影响下有所改变，那么，此个体日后会不可避免地变成神经症患者。只有当个体态度的发展过程与其天生属性完全吻合时，才有可能被成功治愈。

一般来说，个体的性格类型是由他们对待客体的特殊态度来区分的。内倾型人群对待客体的态度是抽象的，他们对客体抱有不信任的态度，与客体的关系有对抗性，实际上他们需要通过抵御外界的要求来保存自己的能量。生活中他们沉默寡言，不善言辞，不爱交际，不喜欢受到他人的打扰，喜欢静静地思考和反思，但他们的内心世界丰富多彩，有着自己的思想和情感。外倾型人群一般对客体保持着信赖的关系，他们坚信客体的重要性，并时刻调整自己的主观态度来保持与客体的关联。生活中外倾的人通常表现出喜欢社交，开朗、积极向上的特点，他们喜欢与他人交流，参与各种活动，并且在团体中表现得很自在。

虽然在现代语境中，人们对这两种态度的理解与荣格最初提出时的概念略有不同，但当我们在日常生活中自然地使用着"内向"与"外向"等描述性词语时，依然应感谢荣格在100多年前开创性地提出了内倾与外倾的概念，为人类探索自身开辟了道路。

二、四种心理功能

荣格不仅将个体分为内倾型和外倾型两种性格态度，而且又提出了心理的四种功能：思维（thinking）、感觉（sensation）、情感（feeling）和直觉（intuition）。每个人内心都拥有这4种功能，只是4种心理功能的表现不是均衡的。荣格从两个维度，将4种心理功能进一步划分为理性功能和非理性功能。

思维主要是指用逻辑推理的方式去认识事物，以便对事物形成一个总的概念。这是一种沟通解决问题的理性功能。荣格认为思维有两个来源：一是主观最后归结为无意识的根源；二是以感觉和直觉为传送途径的客观事实。外倾型的思维会更多地受客观事实影响；内倾型的思维则依赖于主观的加工。

感觉是指用感官觉察事物，并从中获取信息，对事物形成判断，属于理性功能。在荣格看来，感觉包括所有通过感官刺激（声、色、嗅、味、触）而产生的意识经验，也包括那些来源于人体内部的感觉。

情感是指对事物是愉快的还是厌恶的，是美的还是丑的，是令人激动欣喜的还是沉闷乏味的感受做出判断。属于非理性功能。外倾型人群的情感会更多地被客观价值和标准所影响，他们可以同时调整自己的情感去与客体情感保持协调；内倾型人群的情感则更多地受主观影响，会形成以自我为中心的情感强化。

直觉是指对事物变化的预感，和感觉完全不同，属于非理性功能。荣格认为直觉属于一种无意识过程，其基本功能是传送纯粹的意象和灵感给知觉。而在内倾型人群中，直觉则依靠主观感受进行判断，依靠意象构建起意象，而不会在现象与自身之间建立起任何联系。

在荣格的理论中，心理类型是意识的类型，是不同的觉知方式。在他看来，思维会促进认知和判断；感觉会透过看、听、尝等，向我们传达具体现实；情感会告诉我们，事物对我们有多重要或不重要；直觉使我们能推测背景中隐藏的可能性。荣格还表示，感觉告诉我们存在着某样事物；思维告诉我们它是什么；感受告诉我们它是否合意；直觉告诉我们它来自何处，将去何方。

三、八种人格

荣格将4种心理功能每两个维度交叉，得到如下8种人格类型。下面我们对每种人格类型从特点、阴影（劣势功能或自己意识不到的人格最深层的黑暗的部分）以及各类型人群中常见从事的职业三个方面进行介绍。

1.外倾思维型

人格特点：外倾思维型的人，会将一切活动与理智的结论发生联系，他们非常善于执行、解决难题、衡量事物、分清好坏。在活动过程中，这种类型的人会以外部标准指导的理智作为基础，他们会以基于实际经验作为评判的法则，并常常寻求将这种法则运用到他们所处的所有情境中去。

人格阴影：内倾情感。他们的情感功能比较幼稚，而且被压抑。导致常常会不成熟且不恰当地表达情感，并对价值做出错误的判断。内倾情感的低弱会让人感到冷漠和不友善，极端的情况下会忽略自己和家人的利益，同时也容易突然有莫名其妙的情绪爆发。

常见职业人群：律师、行政人员、管理顾问、科学家及技术人员。

2.内倾思维型

人格特点：内倾思维型的人采取行动时同样会建立在理性思考的基础上。他们擅长澄清观念，甚至是心智过程本身的澄清。他们还善于找出思维的逻辑错误，并进行深度的思考。他们有时显得冷漠无情，不重视他人感受，也不在乎自己的思想是否被他人所接受。

人格阴影：外倾情感。内倾思维型的人情感比较原始。对于他们来说，认识到自己的情感以及与别人分享自己的情感，都是十分困难的事情。极端的情况下，内倾思维型的人会被原始的情绪所影响，有时会有点刻薄、过度敏感而不与人来往。

常见职业人群：哲学家、数学家、存在主义心理学家。

3.外倾情感型

人格特点：外倾情感型的人受外在客观标准的制约，比较容易使理智服从于感情，他们的情感、价值观和判断常常会与好朋友和谐一致。这就塑造了他们和蔼可亲，容易相处的性格，他们总是会无条件地支持他人，使他们在朋友和同事中人缘很好，但是他们的思维功能也因此受到过分压抑。

人格阴影：内倾思维。外倾情感型的人内倾思维没有得到充分发展，他们的思维就比较不发达。每当这类人群接受某一知识系统时，常常会表现出十分狂热，甚至产生癔症或狂躁。

常见职业人群：演员、公共关系专家。

4.内倾情感型

人格特点：内倾情感型的人时常把感情藏在心里，表现得沉默寡言，态度既随和又冷淡，爱用身体力行的方式展示自己，还会对身边的人产生潜移默化的影响。在一个团队中，内倾情感型的人常常会以身体力行的方式提供道德支持，而不是通过说教或告诫。他们属于"水静且深"的人。

人格阴影：外倾思维。内倾情感型的人外倾思维比较具体和原始，因此往往和客观事物盲目联系起来，他们会去猜测别人在想什么。在他们的猜测中往往认为别人正在想着各种卑鄙的计划、秘密的阴谋等。所以内倾情感型的人患抑郁症的概率较其他几种类型的人高。

常见职业人群：作家、情感压抑的女性。

5.外倾感觉型

人格特点：外倾感觉型的人热衷于积累与外部世界有关的经验。他们实事求是，讲求实际。荣格认为这类人的一贯目标是产生感觉，并且享受这些感觉，追求刺激。外倾感觉型的人比较热衷于细节，几乎从不考虑抽象概念、价值观和意义。

人格阴影：内倾直觉。对于外倾感觉型的人来说，内倾直觉是他们的劣势，常常表现为负面的征兆、多疑的想法、灾难的猜测和阴暗的幻想。因此，在人际交往中他们会突然变得偏执或对他人产生敌意，不成熟的直觉也可能把他们变成狂热的崇拜或某种形式的神秘主义。

常见职业人群：编辑、运动员、工程师、建造师、商人。

6.内倾感觉型

人格特点：内倾感觉型的人远离客观世界，多沉浸在自己的主观感觉中，这样的人对色彩、书中的段落、情境、谈话、触觉都有鲜明的记忆。在别人眼里他们沉静、随和、自制，而他们自己觉得外部世界了无生趣，他们热衷于用艺术的方式表达自己的情感。

人格阴影：外倾直觉。由于内倾感觉型的人外倾直觉的功能比较弱，所以他们的直觉基本上是消极的，在这种错误预感的影响下，常常表现得疑神疑鬼或者偏执。

常见职业人群：印象派画家。

7.外倾直觉型

人格特点：外倾直觉型的人在应对外部现实时，往往会更依靠直觉，他们异想天开，时常从一种心境跳到另一种。他们借外部世界发现某一情境中的可能性，并预知某一事物的发展。他们常常会有充满创造性的表现，同时他们也对常规表现出厌烦。

人格阴影：内倾感觉。外倾直觉型的人常常意识不到自己的感觉，因此当他们疲劳、饥饿或寒冷的时候，会倾向于忽略这些感觉。同时，他们可能会误解从感官所获得的信息，表现出与实际不相符的行为，如节食、运动或疑病。

常见职业人群：记者、企业家、货币投资商、时装设计师。

8.内倾直觉型

人格特点：内倾直觉型的人会被朋友认为是不可思议的人，而他们把自己看作是不被理解的天才，他们往往在一种使命感的驱使之下，对自己的预见坚信不疑。内倾直觉型的人往往不与现实和传统发生任何关系，因而不能与他人有效沟通。他们始终在寻找新的可能。

人格阴影：外倾感觉。内倾直觉型的人对现实的细节、对空间和时间都表现出模糊不清和不确定，往往会忘记计划或迷路，此外他们还可能觉察不到亲人身上所发生的事情。如果内倾直觉型的人太关注无意识而失去与现实的联系，还有患上精神分裂的可能。

常见职业人群：诗人、艺术家、预言家、咨询师。

在曼陀罗绘画咨询中，荣格的人格理论有助于我们理解来访者，并确定咨询思路。

首先，我们可以从来访者的职业、语言特点和气质等判断出他们的人格类型，了解他们的优势功能和劣势功能，以便对他们有可能出现的心理问题加以预判。

其次，心理类型理论为曼陀罗绘画治疗提供了基础指导。荣格认为心理治疗的目的是为了使个体实现人格的完整，而心理类型表明个体的心理存在着内倾与外倾、思维与情感、感觉与直觉、直觉与判断四个维度上的对立。因此，整合四者的对立，成为曼陀罗绘画治疗的重要内容之一。

再次，心理类型理论可以帮助咨询师把握来访者无意识原型的内容。在荣格的人格理论中，人格包括了意识、个人无意识和集体无意识三个层次。而在意识这一层次中有一个十分重要的内容——自我。自我在整个精神系统中不仅是非常重要的内容，而且起着非常重要的作用，它好比是意识的"篱笆墙"，只有被它所认可的信息刺激（能量）才能允许进入意识中，被大脑所感知。荣格的弟子玛丽-路易斯·冯·法兰兹曾有个有趣的比喻，我们的意识领域就像有4道门的房间，劣势功能是无意识内容进入的地方，以及自性的化身进入的地方。它们很少从其他门进入，因为劣势功能如此靠近潜意识，而且如此野蛮，从未开化。无意识进来后可以扩大意识，并带来新的经验。

最后，咨询师根据来访者的心理类型特点，可以用曼陀罗绘画相关技术来提高相应的功能，促进其人格整合。具体来说，可以通过以下方式帮助思维、情感、感觉、直觉4种功能提高：

一是让来访者绘制结构复杂的曼陀罗，采用更多颜色来表现作品，并引导来访者关注曼陀罗中的事实和细节，曼陀罗中颜色的彩度、色调和明度的变化，曼陀罗中对意象的刻画，等，提高其感觉功能。

二是先让来访者绘画简单的意象，并从整体上去理解曼陀罗，然后再让他们把自己的梦、幻想及内心意象表现在作品中，并撰写曼陀罗画品中所发生的故事，提高其直觉功能。

三是引导来访者采用理性功能，分析曼陀罗结构是否合理，颜色搭配是否合理，意象的比例是否恰当，提高来访者的思维功能。

四是引导来访者理解曼陀罗绘画对他们所产生的意义，并深入体验作品中的颜色、意象及引发的联想所传递出来的情绪。或者让他们绘画情绪曼陀罗，通过画情绪来表达自己，实现提高情感功能的目的。

四、自性理论

1.自我与自性

在荣格分析心理学体系中，有两个自我：一个是意识层面的自我，记作"self"，也就是生活中我们所说的"我"；另一个荣格用大写字母开头的"Self"表示，被称之为"自性"。自性是荣格区别于弗洛伊德理论对世界心理学的重大贡献。它在我们每个人的内心深处，是我们内在的自我。荣格认为，人从出生就有一种原始的完整性，但随着生命的发展，一个独立的自我意识从最初的统一感中结晶出来。这一自我分化就给生命带来了"自我和自性"的冲突，于是人们就有了回归和整合的任务，使意识"自我"和无意识"自性"在意识层面相融与接纳。

依据心理分析理论，心理咨询的目标就是帮助来访者将"内在的力量长出来"，即自我强大起来，以便支持他们有力量适应内外环境，能够独自站起来。因此，我们可以说，自我是意识的中心，它是由自我力量、心理类型和自我功能构成的心理结构。

那么，什么是自性呢？在荣格的理论中，自性是最难理解的概念。自性是开始，是人格的本源，是人生最终的目标，也是一个人成长或自我完善的顶点。在荣格看来，自性是心灵结构和秩序的准则。在荣格的理论中，自性是集体无意识的核心，集体无意识是由原型构成，所以，自性是最重要的原型，它具有动力性和层级性的特点。因此，自性被看作是组织、指导、联合法则，可以为人格指出方向，赋予生命意义。失去自性，我们就无法成为真正的自己，自性就是人生而有之的对内外环境适应和平衡的本能。

2.自性理论

运用曼陀罗绘画进行咨询的过程是个体通过投射机制把自性外化为曼陀罗图形的过程，曼陀罗与自性是现象与本质的关系，即曼陀罗的特性和功能本质上是自性的特性和功能的显现。因此，对自性理论的理解决定着对曼陀罗作品及来访者自性功能的理解。换句话说，想要运用好曼陀罗绘画咨询技术，就必须理解荣格与后荣格学派的自性观点。

（1）荣格的自性理论。自性理论可以说是荣格的巅峰之作，荣格关于自性的观点在《金花的秘密》、《人的形象和神的形象》以及《荣格文集》等多部著作中都可以看到相关的论述，这也足见自性概念在荣格分析心理学中的重要性。从他在著作里对自性的描述，我们可以归纳出自性的5个特性：

一是保护性。荣格认为，个体若在现实中受到严重挫折，心理能量回流至内心，就会引发种种危险，这时自性会自动起到保护功能。荣格把自我与自性二者做了区分，他认为自我只是意识的中心，而自性则是整个人的中心，它也包括了无意识心理。在这个意义上，自性将是一种保护自我的要素。这种保护不仅是对心理结构的保护，更是对个体完整性和统一性的维护。自性的保护性能帮助个体抵御外在的伤害，保持内心的平静和稳定。

二是整合性。自性的整合性是指心理对立面之间的整合。荣格说："曼陀罗象征所有对立面的统一，它包含阴阳双方，也包含着天堂与地狱。曼陀罗是永久平衡的状态。"心理整合的主要内容是意识与无意识、心理类型的优势功能与劣势功能、自我与阿尼玛（阿尼姆斯）、人格面具与阴影等之间的整合。

三是秩序性。自性的秩序性是在整合性的基础上，表现出来的众多对立面整合后达到和谐有序的状态。荣格与弗洛伊德分裂后，很长一段时间失去了方向，整个人处于精神分裂的边缘。他通过绘画曼陀罗保护了内心的平衡与秩序。荣格在《回忆·梦·思考》中写道："当我开始画曼陀罗时，我便看出，一切东西，我一直在走的所有道路，我一直在采取的所有步骤，均正在导向一个单一的点，即核心。事情对我变得越来越明白，曼陀罗就是中心。它是一切道路的代表，是通向这个中心，通向自性化的道路。"荣格也让他的病人画曼陀罗，从而整合他们内心的紊乱，建立内在的秩序感。

四是中心与完整性。荣格曾说："我把这个中心称为自性，它应该被理解为心理的整体。自性不仅是中心，也是包含意识与无意识的整体。自性是这个整体的中心，正如自我是意识的中心。"自性，作为个体内在的核心，是个人成长与发展的基石。它的中心性与完整性直接影响我们如何认识自我、处理情绪、提升精神层次、处理人际关系以及实现自我价值。

五是神圣与超越性。荣格认为，自性超越了个体的局限，与宇宙本质相连。这种超越性能帮助个体实现心灵的升华和获得自由，能更好地感受到生命的全局和整体性，珍惜和尊重每一个当下。同时，自性代表着我们的精神本源，是连接内在世界与外在世界的桥梁。当个体体验到比自我更为核心的自性存在时，即会体验到自性的神圣性，这种神圣性还体现在其指引功能上。

它像一座灯塔，为个体在茫茫人海中提供方向和指引，理解自己的内在需求和驱动力，实现心灵的完整性和统一性，走向更加充实、自由和有意义的人生道路。

在我们每个人的生活与生命中，自性要求被认识、被整合、被实现。如果一个人最终成长为独一无二的自己，拥有一种整合或完整的，但又不同于他人的发展过程，这个过程就是自性化。自性与自性化过程，是荣格分析心理学的核心层面。

（2）自性化理论。荣格是第一位提出心理生命周期的心理学家。荣格的自性化理论其实是一种心理发展理论，他认为个体的心理发展是一个自性化的过程，旨在实现个体的完整性与和谐。他把成长看成持续进行的过程，不仅青少年需要发展，而且中老年也需要发展。荣格用自性化来说明心理的发展，涉及个体心理的发展和整合。在荣格的理论中，自性化是一个复杂的概念。它是一个过程，一个个体逐渐意识到自己的独特性，并实现自我潜能的发展过程。换句话说，自性是心灵的完整性和统一性的象征，它包含了人的所有潜能和可能性。在自性化的过程中，个体逐渐超越外部世界的局限，整合自己内在的各个方面。这个过程涉及意识与无意识、理性与情感、集体与个体之间的整合。通过这种整合，个体能够更好地理解自己和他人，以及自己在宇宙中的位置。自性化的目标主要表现在两个方面，一是为自性剥去人格面具的虚伪外表；二是消除原始意象的暗示性影响。

依据荣格自性化理论，个体的自性化过程有以下5个关键要素：

第一是自我意识。个体通过意识到自己是一个独立的存在，具有自己的思想、感受和需求，开始形成自我意识。

第二是自我认同。个体通过建立自我概念和自我形象来认识自己，并与社会和他人建立联系和关系。

第三是内在世界的探索。个体开始深入探索自己的内心世界，包括无意识、梦境、幻想和情感等。

第四是能够面对阴影。个体逐渐认识和接纳自己的阴暗面和不完美之处，包括自己的负面情绪、冲动和欲望等。在《人类及其象征》中法兰兹说："自性化的实际过程——意识与个体心灵的核心自性达成协议——通常以人格受到伤害，以及随之而来的痛苦作为开端。与自性的最初相遇，就预先设下了一个黑暗的阴影，或者恰如内在的'朋友'，首先设置一个陷阱，然后捕获那个无助的、挣扎的自我。人们必须忍受这些痛苦，才可以开始这个过程。"在心理咨询中，帮助来访者面对并认识令其痛苦的事件，这个过程对个体的发展具有重要意义。

第五是实现完整。个体通过认识和发展自己的潜能，实现个体的自我目标和意义，达到个体的完整和和谐，实现自性化。荣格自性化理论强调了个体的自我发展和内在的探索，认为个体应该与内心的各个方面对话和互动，以实现自我发展和个体的完整性，一种独立的、不可分的统一体。这一理论对于心理疗愈和个人成长有着重要的启示。

在荣格分析心理学的理论中，自性化被看作是一种源自无意识自然发生的过程，是个体成长的结果。不是咨询师给予的，更不是咨询师要求来访者做到的。这种整合的境界与中国文化所追求的和谐、天人合一的文化相近，也具有文化契合性。因此，曼陀罗在中国心理咨询服务中的使用较为广泛，且被大多数来访者所接受。

3.后荣格学派的自性理论

自性观是荣格心理学的核心概念。后荣格学派的学者们对这一概念进行了深入的探讨和发展。在荣格的原始理论中，自性被视为一种完整的、自主的和自发的存在，它包含了个体的意识和无意识部分，并起到了整合和调节的作用。由于受自身经历和所治疗的病人（主要为中年危机的病人）的影响，荣格自性理论主要是集中在个体后半生的自性发展，而后荣格学派则主要是对早期自我与自性的关系进行探索。

在后荣格学派中，对自性研究比较有影响力的是埃利希·诺伊曼（Erich Neumann）。诺伊曼深受荣格的影响，使用跨文化神话比较的方法来研究人类自性的发展。不过，诺伊曼的自性理论主要关注自性的起源和早期心理基础。他从神话学的角度来阐述儿童心理发展的动力，认为正常的心理发展是意识不断从无意识中发展并稳固的过程。自性作为意识的核心是从心灵的核心即自性中分化出来，这两个核心形成了自我—自性轴。婴儿的自性原型从更为原始的大母神原型演化而来，成为心灵的核心与组织者。诺伊曼认为大母神有基本和变形两个主要特征。基本特征指的是女性作为大圆、大容器的形态，倾向于包容万物，万物产生于它并围绕着它。变形特征强调的是心理动力因素，倾向于运动、变化。

诺伊曼强调自我意识是从最初的统一无分别的自性中涌现出来。最初统一的自性以咬尾蛇为象征。诺伊曼认为，自我一旦从自性分离出来就不属于自性，自我与自性便成为相互关联的一对矛盾体，它们在功能和结构上有所不同。自我主要负责与外部世界的互动，而自性则更多地关注内部世界。但在荣格自性理论中，自性超越自我，是心灵的全部。

沃伦·科尔曼（Warren Colman）认为诺伊曼的自我—自性轴理论误把无意识等同于自性。他认为，当自我从无意识中分离出来后，对立的双方为意识（自我）与无意识间的对立，而非自性与自我的矛盾。因为，此时的自性已经不是以前的无意识状态，它既包括意识（自我）也包括无意识，它是一个整体。

荣格流派职业分析师魏斯图布（Weisstub）发展了诺伊曼这个公式，提出了自我为阳性、自性为阴性原则的观点。她的自性理论强调自性的核心地位和完整性，认为自性是心灵的统一性和整体性的象征。她强调自性在个体心理发展中的重要作用，认为自性化的过程是实现个体潜能和可能性的过程。总的来说，魏斯图布的自性理论强调自性的核心地位和完整性，认为自性是心灵的统一性和整体性的象征。通过深入了解和体验自性的整合性、超越性和神圣性等特性，个体能够更好地理解自己的内在需求和驱动力，实现心灵的完整性和统一性，走向更加充实、自由和有意义的人生道路。

4. 自性与曼陀罗

自性具有整合功能，而心理症状往往与隔离、分裂、冲突有关系。如果在心理咨询的过程中，来访者的自性得到彰显，那么就有可能被治愈。这是荣格与后荣格学派一致认可的观点。因此，今天的心理咨询实际上是化解"情结"和修复"情结划痕"——那些成长过程中心灵所受到的创伤。

情结到底是什么？最早提出情结的是弗洛伊德，他认为情结是一个非常复杂的情绪问题，主要是由个体情绪经验中的一个或多个重大伤害产生出来的，虽然被压抑在潜意识中，但总会影响到个体的思想、情感和生活，所以，个体是意识不到情结对自己的支配的。弗洛伊德认为梦是通往无意识的忠实道路，荣格则表示情结是通往无意识的忠实道路。情结也是荣格研究的一个重要领域，在荣格正式以"分析心理学"定名自己的心理学研究之前，曾用"情结心理学"来定名他的理论体系并以此区别于弗洛伊德的精神分析。可见，情结在荣格分析心理学体系中的分量。荣格认为，情结是个体无意识中隐藏的内容，在生活中被意识唤醒，从而引起个体的情绪体验，而这些无意识内容是心理创伤造成的。荣格强调情结是由于创伤的影响或者某种不合时宜的倾向而分裂开来的心理碎片。如联想实验所证明的那样，情结干扰意志意向，搅乱意识过程：它们起骚扰记忆和阻碍一连串联想的作用。它们能在短时间内围困住意识，或者用潜意识影响言谈与行动。简言之，情结的行为有如独立体，有如一个尤其在非正常工作思想状态下十分明显的事实。综合荣格流派以及研究者们对情结方方面面的讨论，我们可以确定，情结其实就是"心理碎片"。它们的起因通常是所谓创伤、情感打击等类似事件，这样的事件会把一小部分心理分裂出来。一般来说，任何情结都是显著无意识的，而这当然保证了个体有更多的活动自由。

根据荣格对情结的陈述，我们可以知道自我在意识层面，表现为我们的注意力、判断力、心理类型（内向、外向）、自我功能（对内外环境的一种适应调节）；情结是心理感受到的不公平对待、虐待、打击以及情感挫败等事件而产生的心理碎片，从意识层面自由降落在个人无意识层面（见图171），并压抑在无意识中，导致吸收原型的消极面；原型构成集体无意识。

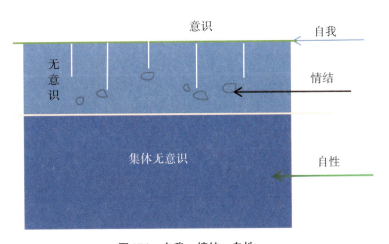

图171 自我—情结—自性

心理问题的根本是自性受挫，导致内部心灵系统紊乱，最后以各种症状体现出来。在荣格理念中，自性是集体无意识中最重要的原型，我们心理咨询实践的目标就是要激活和完善自性，最终达到消除症状。

那么，曼陀罗绘画为什么可以激活和修复自性呢？荣格认为，曼陀罗是自性最为典型的象征。至于为什么是自性的象征，荣格却没有给出明确的说明。苏珊·芬澈认为曼陀罗唤起了自性的影响力、秩序及人格整体结构的基础模式；它支持维系你我的生命网。我们借着曼陀罗的创作，创造出属于自我的神圣空间。

从具体咨询方法上，曼陀罗绘画能够充分发挥自性的功能。一是曼陀罗画的圆圈形状，是一种有机的、女性化的形状，如子宫、乳房、花朵等，给人一种保护感；此外圆形在结构上也是最强的形状，重力分配均匀；圆形还象征着圆满、完整。所以，曼陀罗可以带来自性的整合感。二是绘制曼陀罗的要素都是大自然中的花瓣，或是自然界的星星、月亮、太阳，以及各种文化符号，这些要素给人带来联想，获得一种大自然带来的暗示，让人从负性情绪中获得一份安宁，所以，曼陀罗补偿了精神状态的紊乱和混乱。三是曼陀罗的涂色过程，不同波长、不同频率的颜色使人联想到不同的自然物和事物带来的感觉与情绪体验，随着彩色作品的呈现，压力得到释放，情绪得到安抚。所以，曼陀罗彩绘可以达到回归内在自信、给人以宁静与祥和感的目的。

因此，在曼陀罗咨询活动中，咨询师要让来访者觉察到这些任务。在曼陀罗绘画活动中，咨询师应该牢牢把握以自我成长为原则，并吸收来自无意识中的各种能量。正如荣格《回忆·梦·思考》中所说："我的一生是一个潜意识自我充分发挥的故事。潜意识里的一切竭力做出种种的外在性表现，而人格也强烈要求逐渐从其潜意识状态中成长起来并作为一个整体来体验自身。我无法用科学的语言来追溯我自己的这一成长过程，因为我无法把自己作为一个科学问题来加以体验。"因此，咨询师和来访者在使用曼陀罗中的工作过程就是体验，而后整合并成长。

5.曼陀罗大圆理论

艺术心理咨询师琼·凯洛格从1969年开始收集和分析了数以万计的曼陀罗作品，她在荣格曼陀罗绘画理论的基础上提出曼陀罗之原型大圆理论（The Archetypal Great Round of the Mandala），并制定曼陀罗发展阶段模型。凯洛格认为个体的自性化是自我与自性在彼此的分离与结合中自然循环的过程，而曼陀罗作品能够区分出个体意识的发展水平，尽管个人的经验及个人所绘的曼陀罗互异，但是都可以归纳为这12个阶段的原型大圆理论。

大圆包含了12种典型的曼陀罗形式，反映了心理发展的螺旋路径。每一种形式都代表了个人成长道路上的一个重要阶段，12个阶段浓缩了一个循环的展开，这个循环不是一次而是多次的存在，反映了自我与自性之间的动态关系。

12个圆也对应12个月，在运用曼陀罗进行咨询的过程中，咨询师也可以通过来访者结构式曼陀罗的小圆结构对比12圆结构，判断来访者处在人生的哪一个月份。

第三节　曼陀罗绘画的实践方案

一、曼陀罗在心理咨询领域的应用

曼陀罗绘画在表达性心理咨询工作中，既可以用于人格、情绪、关系等方面的心理评估，也可以作为心理咨询的工具和心理保健的工具。

在心理评估方面，可以运用意象理论、色彩理论、发展理论，从曼陀罗作品的命名、颜色搭配、线条特点、画者的感受及联想等方面，评估来访者的心理健康水平。例如，曼陀罗绘画用于特殊群体的心理评估时，可以通过心理投射发现他们的心理特点。也有学者通过对结构式曼陀罗绘画进行回归分析建立模型，并且用于评估痴呆患者的痴呆程度。其研究发现，痴呆患者的曼陀罗的完整性、准确性及注意力集中性明显比正常人差。

在心理咨询方面，作为表达性心理咨询的主要技术之一，曼陀罗绘画可以通过意象的方式展示来访者的无意识的冲突，并借助曼陀罗特有的整合功能，获得内在的和谐和稳定。当然，在来访者绘制曼陀罗的过程中，曼陀罗所具有的保护功能、超越功能、整合功能和指引功能，能够激发出来访者的自性原型，从而达到治疗的作用。因此，曼陀罗绘画疗法具有增强心理能量、解开内心情结、整合内心冲突、唤醒真实自我的独特功能。

在心理保健方面，曼陀罗可以帮助个体通过涂色和制作曼陀罗整合内在冲突，激活自性，并逐步实现自性化，无须专业咨询师的解析，曼陀罗就像是私人心理师，陪伴着自己，在绘画和涂色过程中，将生活的压力和工作中产生的负面情绪移出脑海，通过自我工作完成自我服务。因此，我们把曼陀罗比作心理的维生素 C。

曼陀罗在心理咨询领域的应用，受到咨询师和来访者的喜爱。主要是它拥有其他绘画所不及的功能。

（1）保护功能。荣格认为，个体若是在现实中受到严重挫折，心理能量流到内心，就会引发种种危险，这时自性会自动地启动保护功能。若保护成功，便会不断增强自我的安全感，自我会有安心、踏实的体验；若保护功能受阻，自我便会感到不安、焦虑和恐惧。可以通过绘画主题曼陀罗，如"安全岛""幸福一家""守护神"等来修复保护功能。

（2）整合功能。荣格认为曼陀罗象征所有对立面的统一，既包含阴阳双方，也包含着一些矛盾符号的对立统一，如虚与实、生与死、同与异、善与恶、明与暗、高与低、大与小、圆形、方形、尖角、直线、曲线、对称与不对称、有序与无序，绘制的过程中，画者能把狂乱激情与无意识冲突形成的心理碎片整合转化成为理性有序，超越了二元性，实现了自我人格的圆满与整合。如果自我力量不稳固、意愿不强烈或环境不允许，就会导致整合失败，继而造成心理创伤并形成新的情结。通过绘制和谐有序的曼陀罗结构，心灵便会逐渐恢复有序，浮躁的情绪也能够慢慢恢复平静。曼陀罗的整合相当于自性的整合。

（3）超越功能。超越功能源于意识和无意识间的张力，它意在帮助二者统一。当自性超越功能出现时，自我会感受到不可预期的本质变化，比如真实自然、充满神圣感、价值感、深刻的爱与同情心、创造性和幽默感等。当然，超越不会时刻呈现，它似乎只在某些重要时刻才推动自我的转化，因为它能在意识和无意识间自由移动。自我超越需要自我坚定信念并勇往直前。较低水平的超越动力，受到生理成熟的影响比较大；较高水平的超越动力，则需要自我付出极大的努力与牺牲，比如实现理想。若超越功能受阻，自我便会感觉到受困、无奈，甚至会引发焦虑。绘画曼陀罗是投射与回收自性的过程，当个体绘画曼陀罗时，会进行积极想象，可能获取"灵启""天人合一"之感，从而实现超越。

（4）指引功能。自性的目的在于心灵的完整性并给心灵指明方向——自性化。当心灵整合对立面至一定程度时，自性指引功能便推动着自我寻找生命的意义及存在的价值。如果指引动力发挥顺畅，自我便能够感到激动、希望和使命感；如果指引功能受阻，自我便会感到茫然、空虚。

二、曼陀罗绘画的分类

曼陀罗绘画活动中，按照绘画形式分类，可以分为涂色曼陀罗、创作曼陀罗和拼贴曼陀罗；按照曼陀罗内容分类可以分为自发性曼陀罗和主题曼陀罗。

（一）涂色曼陀罗

涂色曼陀罗是指在给定的黑白曼陀罗图案上进行自主涂色。一般给定的曼陀罗模板（见图172—图174）是圆形的、图案对称的重复性结构。

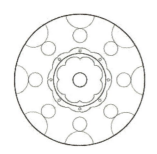  

图172　曼陀罗1　　　　　图173　曼陀罗2　　　　　图174　曼陀罗3

图175—图177是涂色稿。

图175　图172涂色　　　　图176　图173涂色　　　　图177　图174涂色

在涂色曼陀罗中一般不规定颜色。重要的是选择一个舒适的环境，静下心来，聆听内心的声音，选择自己喜欢的颜色图画。因此，对于同一幅曼陀罗，不同的人涂绘出来的作品"感"是不一样的，因为每个人当下内在的能量和想要甩出去的情绪是不同的。在涂色过程中也可以播放和当下情绪相关的音乐。

收获一：自我探索。这类曼陀罗一般设计较简单，多为重复的图案和结构，通过涂色能够消除烦恼，探索自我，以实现静心之功能。

收获二：缓解情绪。这类曼陀罗涂色稿结构较复杂，由多重图案组成，通过涂色可达到定心或修心的作用。

收获三：培养积极心态。这类曼陀罗不仅结构复杂，而且具有哲学元素，在涂色过程中可以获得启发，甚至达到"顿悟"，让自己从意识上发生改变。

（二）创作曼陀罗

创作曼陀罗（见图178—图179）一般是指半工具手工绘制的结构式曼陀罗。在绘制过程中可以使用圆规、尺子、量角器等工具，因此这类曼陀罗也被称作半工具手绘曼陀罗。当然，在绘制过程中也可以不用任何工具，那便是徒手曼陀罗。

创作曼陀罗一般使用直径25厘米的圆形卡纸，如不方便或考虑成本，也可用A4复印纸。先绘制曼陀罗再涂色，其步骤如下：

（1）做好绘画准备后听音乐冥想，放松（如非治疗活动本步骤也可以省略）。

（2）画三个圆。

（3）在每个圆内作画，图案要对称；图案要素自主选择。

（4）完成设计稿后涂色。

（5）全部完成后给作品命名，并连同信息一同写在右下角：作品名称，作者性别、年龄、职业、婚姻状况、日期；如是固定来访者，只需记录作品名称和日期。

图178 《无名》（画者：卢蕴天）

图179 《似旋非旋》（画者：邹仲芸）

很多人会问，结构曼陀罗三个圆圈大小有固定数值吗？不同层的圆是固定的吗？坦率地说，不是固定的。我们只需要把曼陀罗的三个圆分出层次，第一圆（中心小圆）是自性，第二圆是能量，第三圆（大圆）是物质或身体。也就是说，我们画出的三个圆代表着我们的自性、能量和物质或身体。

绘画曼陀罗和涂色曼陀罗相比，绘画的过程更为重要。因为人的能量无时无刻不在变化，但在生活中我们是看不见能量如何变化的，但在绘画曼陀罗的过程中，我们却能体验到能量的流动和能量流动中我们情绪的变化。此外，结构曼陀罗的模型是相对稳定的——三个圆圈，图形一般是对称的，画者在绘制曼陀罗的过程中可以看到期待和期待可控，将这种稳定性内化，并不断增强安全感。这也是绘画曼陀罗给我们带来的最大收获。再借助曼陀罗绘画进行积极想象，从而达到激活自性动力并实现自我与自性融合的目的。

1.禅绕曼陀罗

我们所说的曼陀罗，一般指的是有中心点，结构严整且多为圆形构图的一种绘画形式，结构稳定，图案重复（见图180—图181）。但禅绕画是随意的，不拘形状。有人把禅绕画誉为来自美国的心灵艺术，近年风靡欧美国家，是一种全新的绘画方式，由美国里克·罗伯茨和玛利亚·托马斯夫妇二人于2005年首创。禅绕画是在设定好的空间内用不断重复的基本图形来创作出美丽图案，所用元素多来自大自然，来自生活，再加上人的无限的想象力，可以无限延伸，产生出各种各样的可能性。我们把曼陀罗这种圆形构图和对称结构与禅绕画相结合，这就形成了有趣的禅绕曼陀罗。

禅绕曼陀罗属于创作曼陀罗，它既有禅绕画的元素，又有曼陀罗的圆形结构。但它与结构曼陀罗不同的是，在创作禅绕曼陀罗的过程中，人们不断有序地重复相同的花纹和线条，构成超级美丽的作品，可以涂色，也可以不涂色。

图180 《盛开》(画者：韩菁菁)

图181 《悟》(画者：韩菁菁)

绘制禅绕曼陀罗的工具和步骤如下：

工具：一支铅笔、一支签字笔或钢笔，一个圆规，纸张和彩笔（如果需要涂色）。

步骤：

第一步：聆听音乐冥想（可以省略）。

第二步：绘制若干个圆（同结构曼陀罗，数目自定）。

第三步：绘制线条。

第四步：添加各种图案（不需要思考，跟着感觉走）。

第五步：完成黑白稿（是否涂色自定）。

禅绕曼陀罗未必适合所有人，但实践者认为，禅绕曼陀罗是一项非常有意义的活动，可以：①提升创造力；②提高解决问题的能力；③强化注意力（深度）；④使人处于安宁平静的状态；⑤减压并抚慰心灵；⑥拥有成就感。

在创作禅绕曼陀罗的过程，所添加图案均是手绘，如果发生错误，画者只能将错就错，因为使用的签字笔或钢笔无法擦涂。因此，也可以先从禅绕要素和线条开始分解练习，熟练后再创作完整的禅绕曼陀罗。

2.徒手曼陀罗

这类曼陀罗在绘制过程中，不使用圆规、尺子等任何工具，只用笔纯手工绘制曼陀罗（见图182）。

图182　《海韵》（画者：孙雨阳）

（三）拼贴曼陀罗

拼贴曼陀罗是使用旧杂志、画报、台历等纸质彩图剪贴成曼陀罗图案。这种方式可以消除人们对绘画不出"美感"曼陀罗的挫败情绪，进而获得"创造"的兴奋。和绘画曼陀罗相比，拼贴曼陀罗增加了触觉材料感受质地的体验。很多人说，运用有组织的方式剪切杂志和粘贴出曼陀罗，给他们带来"安慰"，且比绘画曼陀罗更为放松。

拼贴的材料不仅限于纸质材料，也可以使用食品、种子、水果、落叶、花草、布料等生活中可以获得的任何材料。材料选择很重要，特别是对抑郁症患者，因为他们往往很难做决策。因此，评价拼贴曼陀罗作品时也需要评析所有的材料，这些材料可以反映出他们当下的情绪和精神状态。

在制作拼贴曼陀罗的过程中，可以选用单一材料，也可以选用混合材料；可以独立完成，也可以团体共同完成。

（1）拼贴准备。

工具：勾线笔、圆规、量角器、马克笔、卡纸、胶棒。

材料：旧画报、杂志等。

（2）程序。

第一步：用圆规在卡纸上画两个直径为25厘米的圆（一个用作曼陀罗模板；另一个用作切割图片的模板）（见图183）。

第二步：将其中一个圆对折剪成两个半圆（见图184）。

第三步：用量角器将一个半圆画出45°角，用尺子将半圆的圆心与45°角连接起来，并沿着连接线剪出一个扇形（这个角度也可以根据自己的设计变动，如30°角、15°角等）（见图185）。

第四步：用剪出的扇形作为模板，在杂志或画报上依据自己的想法用勾线笔画出"取样"，再用剪刀把"取样"剪下来（见图186）。

第五步：把剪下的"取样"在第一步剪出的另一个圆上依据自己的"心愿"摆出图案，并用胶棒或胶水贴好（见图187）。

图183　拼贴曼陀罗第一步　　图184　拼贴曼陀罗第二步　　图185　拼贴曼陀罗第三步

图186　拼贴曼陀罗第四步

图187　拼贴曼陀罗第五步

图188　拼贴曼陀罗第六步

图189　拼贴曼陀罗第七步

图190　拼贴曼陀罗第八步

图191　《自然》
（画者：崔杨柳）

　　第六步：再从杂志上选择一页，颜色自定，为拼贴出来的图案加个"心"（也可以根据自己的喜好确定尺寸），也就是画出一个直径7厘米的圆，然后剪下来，并与曼陀罗圆心对圆心贴上（见图188）。

　　第七步：再选择一页杂志，颜色自定，画出一个半径15厘米的圆，创建一个1~1.5厘米宽的扇贝形状的花边，贴在已完成的曼陀罗的外边缘（见图189）。

　　第八步：用勾线笔把曼陀罗的三圈轮廓勾出来，颜色自定（见图190）。

　　第九步：给自己的拼贴曼陀罗取名字（见图191），并写下自己的感受。如果是团体活动，也可与他人分享创作过程和感受。

（四）自发性曼陀罗

　　自发性曼陀罗也叫非结构性曼陀罗（见图192—图193）。这类曼陀罗可以用工具，也可以徒手，看自己意愿。一般结构上没有曼陀罗三圈的规则，内容上没有预期，没有规定的主题，画者没有压力，让感受带动心灵，在圆内绘制完成即可。

图192 《雨后》(画者：张雨丁)

图193 《欢乐的小马》(画者：刘依然)

（五）主题曼陀罗

主题曼陀罗一般用在工作坊活动、团体治疗或学校心理教育活动中，当然也可以用于一般来访者的咨询活动。当咨询师认为有必要对某一个主题进行讨论时，即可要求绘制主题曼陀罗，比如姓名曼陀罗（讨论对自己的接纳度）、安全岛曼陀罗（讨论安全感）、考试曼陀罗（讨论考试季的情绪）、心情曼陀罗（画出当下的情感或情绪）、自我意象曼陀罗（自我功能的评估）、生命曼陀罗（对生命的理解）、神圣曼陀罗（自性的超越）等（见图194—图199），可以根据需要自行设计曼陀罗主题。但需要注意的是，曼陀罗绘画的主题设计，必须在曼陀罗心理的理论基础指导之下进行。

图194 《曼陀罗》(画者：陈京菁)

图195 《安全岛》(画者：苏伯阳)

图196 《曼陀罗》(画者：孙雨阳)

图197 《心情曼陀罗》(画者：耿雯琪)

图198 《世界曼陀罗》(画者：李洁)

图199 《神圣曼陀罗》(画者：史佳泽)

三、曼陀罗绘画的工作机制

　　曼陀罗作为表达性心理咨询工具，是绘画治疗的一种，但它又不同于其他的绘画治疗。一般来说，房树人绘画主要是用于人格测评；自由绘画可以给来访者带来创造的满足感，并促进自信的提升，但对内在的整合不够深入。而曼陀罗却兼有多重功能，既可用于评估，也可用于治疗和心理保健。因为一方面，绘画曼陀罗可起到疗愈的作用，通过绘画讲述内心世界的故事，通过涂色体验到平静、获得感和满足；另一方面，在绘画曼陀罗过程中左右脑都比较活跃，特别是右脑。

　　荣格认为，曼陀罗建构了一个万物与之相关的中心点，或者说通过对混乱的多样性，对相互冲突、无法调和的元素在同心圆内进行排列，实现一种自体愈合治疗尝试。它并非源自有意识的思考，而是来自本能的冲动。作为表达性心理咨询的主要方法之一，曼陀罗绘画可以通过象征的方式展现画者的无意识冲突，并借助曼陀罗特有的整合功能，整合内心的矛盾，获得内在的和谐与稳定。当然，曼陀罗用于心理咨询服务，一般要经历5个阶段的工作。

（1）保护阶段。我们知道曼陀罗是一个包含着某种内容和意义的圆。而曼陀罗绘画，就是在规定的圆圈内作画，用以表达内心。画者在大圆内进行作画，获得安全感的同时，感到被包容和接纳，自我力量开始发展。

（2）凝聚阶段。经历了第一阶段的工作，来访者的安全感有了一定的提升。因此，通过"曼陀罗—自性"的凝聚功能，来访者将会把注意力集中在当下的情感上，发现并面对埋藏在无意识中的心理创伤。此时，来访者能借由曼陀罗进行自由连接和积极想象，回忆并面对被压抑或隔离的创伤经历及体验。

（3）整合阶段。当来访者自我功能改善和强大后，曼陀罗绘画开始启动自性的整合功能。是在意识层面，来访者开始理解自我，能客观面对以前的创伤和经历，进而在集体无意识层面，开始整合人格面具，以及阴影、自我与阿尼玛（阿尼姆斯）的对立，最终协调并化解对立冲突，实现自我与自性的整合。因而，这一段用时较长。

（4）秩序阶段。当实现了自我与自性的整合，来访者的内心世界开始变得平和有序，开始重新定位自我，开始获得内在的修复创伤的能力，开始寻找属于自己的生命方向。

（5）超越阶段。当内心矛盾得到整合，内心创伤得到修复，来访者即可获得内在的和谐与稳定。在他们实现自我整合和追求生命的意义的过程中，感受并体验到一种神圣感，用来访者的语言说是"神奇"与"妙不可言"。

从上述5个阶段，我们理解了"曼陀罗—自性"效应，以及这一效应在心理咨询服务中是如何发挥其功能的。这也是曼陀罗绘画对心理疗愈功能的具体作用。

四、曼陀罗作品分析

根据临床经验和心理分析理论，对曼陀罗作品，我们一般从三个方面进行象征性分析：颜色、结构和意象。

（一）颜色分析
1.颜色的意象与情绪

心理分析认为颜色的象征意义是以该颜色所引发的自由联想内容作为分析的基础，如果不涉及颜色所引发的联想就进行曼陀罗中的象征分析，那么分析的结果只会停留在普遍意义的象征意义分析，分析个体的曼陀罗作品就会浮于表面和内容空洞。我们对北京工业大学耿丹学院应用心理学2019级100多名学生进行了调查，让他们在绘画曼陀罗后对作品中的颜色进行自由联想，并描述他们自由联想时引发的情绪。通过归纳总结，我们得出了曼陀罗绘画颜色分析表（见表5）：

表5　曼陀罗绘画颜色分析表

颜色	联想意象			激发情绪		
红色	血液	火焰	太阳	激情	愤怒	活力
黄色	太阳	香蕉	向日葵	温暖	满足	愉悦
蓝色	海洋	天空	水晶	平静	自由	深邃
橙色	夕阳	胡萝卜	橙子	温暖	能量	喜悦
绿色	草地	生命	树叶	活力	希望	生机
紫色	葡萄	薰衣草	紫水晶	神秘	高贵	浪漫
黑色	夜晚	死亡	头发	恐惧	悲伤	严肃
白色	雪	云	病人	纯洁	平静	虚弱
棕色	泥土	咖啡	大地	厚重	沉稳	枯萎
粉色	樱花	桃花	花	可爱	浪漫	温柔

基于集体无意识理论，表5是曼陀罗绘画分析师对来访者进行曼陀罗颜色分析的重要依据。当然，对个人的曼陀罗作品进行分析时，我们还须倾听画者描述其作品，这样才能使分析的结果更为深入和精准。曼陀罗颜色常见意向分析如下：

红色：曼陀罗作品中的红色往往被想象为血液、火焰、太阳，从而引发激情、愤怒及活力。红色的血液意味着个体对生命的热爱及对躯体的认同；当然红色也象征愤怒之火、智慧火焰、激情燃烧，所以，红色也暗示着暴怒、智慧及激情；太阳则是万物生长之源，给生命以活力和希望。红色出现有时也表示不安全感，出现在不同位置也有不同意义，需要综合分析。

黄色：在曼陀罗中，黄色被联想成为太阳、香蕉及向日葵，引发出温暖、满足及愉悦。太阳、香蕉、向日葵为生命提供温暖、能量和希望，让人温暖、满足、愉悦。在中国古代，皇帝代表着太阳，因此黄色也代表着拥有权力的父亲或权威。对男性而言，黄色象征强大的自我功能及定向；对女性而言，则可能是积极的阿尼姆斯。黄金也是黄色，因而黄色也象征着内心宝贵、积极的品质，与自性原型超越动力相关。但是在曼陀罗作品中，过多的黄色可能代表兴奋及沮丧交替的矛盾情绪。

蓝色：蓝色被联想成为海洋、天空、水晶，给人带来平静、自由和深邃的感受。所以，蓝色代表着放松、平静及开阔，也象征包容。大海是蓝色的，象征着无意识；生物起源于海洋，因此也象征着母亲，拥有母性的包容和接纳力。

橙色：橙色被联想为夕阳、胡萝卜和橙子，给人温暖、能量和喜悦。在七色光中，橙色为傍晚较温和的太阳，如同中年的男性，从而也就象征着权威和权力。从心理学意义看，橙色拥有能量、创造力、社交能力，充满活力、爱和智慧。如果在男性的曼陀罗内，橙色比例过重，反映出内心充满着矛盾的竞争，可能暗示着一定的俄狄浦斯情结（也称恋母情结）。若女性的曼陀罗出现橙色，往往意味着对父亲的依恋或反映出自视甚高、奋斗等心态，也有可能代表着她拥有比较成熟的阿尼姆斯。

绿色：绿色是生命之色，让人有活力、希望和生机的感觉。充满了成长的意味，让我们总能感到自然界万物死而复生、蓬勃、有生气且充满了潜力。所以，绿色有着健康、仁爱之心和活力的象征。

紫色：紫色结合了蓝色的灵性和红色的能量，因此，紫色引发出神秘、高贵和浪漫。曼陀罗的紫色意味着智慧的力量，如若紫色比例过大，象征强势或不切实际。如在女性曼陀罗中出现紫红色（玫红），表示认同本身职业或拓展其女性特质，意识中充满激励、专注、活力，同时也有性子急躁、任性或情绪化的情绪。如果曼陀罗中出现很淡的紫色，象征正经历积极、正面的心灵发展过程。

黑色：黑色被联想为夜晚、死亡和头发，激发了恐惧、悲伤、严肃的心情。从夜晚的角度，黑色象征着未知及无意识，因此让人感觉神秘莫测。从死亡的角度，黑色常常让人感觉恐惧，于是它对应着个体的情结与阴影。曼陀罗绘画治疗中，黑色的变化往往是咨询的线索。当然也要考虑来访者的文化心理。

白色：白色让人想到雪、云和病人。在很多文化中，白色象征着圣洁与纯净。白云让人感觉到放松和自由，从而具有空灵、和平的意义。此外，人生病时，脸部出现的苍白让人感到虚弱无力。曼陀罗作品中如若白色过多，则可能暗示着虚弱的自我或给自己的空间。如果在曼陀罗作品中留白在正中央有小圆，说明童年缺少陪伴，如果留白过大或过多，说明内在的无力感。我们知道，曼陀罗的三个圆表示的功能不同，小圆（最里圈）表示的是意识，甚至原生家庭那些苦痛等都隐藏在这里；看画者成长情况、能量高低、感情的时候，看第二个圆；大圆（外圈）是物质或身体，也是看这个人当前的人际关系。那么留白在不同圆圈，表示的意义也就不同了。

棕色：棕色是大地的颜色，它象征着母亲的支持。来自母亲的支持是激活自性保护动力的基础，它是自我得以发展的开端，如果母亲冷漠则必然导致个体自我功能的脆弱。因此，曼陀罗中的棕色常常与积极母亲意象相联系。同时，棕色作为大地，意味着脚踏实地的现实感，因此棕色也暗示成熟的自我。植物的枯萎和腐烂为棕色，故而棕色也意味着死亡和腐朽，象征着过去某种记忆，因此曼陀罗中的棕色也可能是与某个早年的情结相关。

粉色：粉色被联想为花的颜色，引发浪漫、可爱等情感情绪，所以粉色与情感情绪相关，象征对当下生活处境接受的状态。但是在曼陀罗作品中，如果粉色比例过高，则象征其承认弱点、害怕被遗弃及需要被照顾。当然在分析曼陀罗作品时也需要与画者核查相关的信息。

灰色：在此次颜色意象和情绪调查中没有涉及灰色，但在这里还是有必要谈一下，因为在实践中使用灰色的来访者还是有一定数量的。灰色在色彩心理学中代表着智能、反省及相对性的特征，其正面的象征意义是在对立之间取得平衡、调和与协调；负面的象征意义代表着沮丧、消沉、消失，丧失感情与情绪。一般在曼陀罗作品中大面积使用灰色，多为负性情绪的流露。

2.颜色间的关系

为了系统分析曼陀罗作品中颜色的意义，借鉴颜色三维理论，曼陀罗中的颜色可以分为三原色（红、蓝、黄）和三间色（绿、橙、紫）。曼陀罗内的主色反映人类基本的内驱力，而次色是由这些驱力所形成的心理特点。

（1）补色关系。颜色之间的互补关系（对比关系）与邻近关系是曼陀罗色彩分析的又一重要问题。色彩学上称三间色与三原色之间的关系为互补关系。意思是指某一间色与另一原色之间互相补足三原色成分。如绿色是由黄加蓝而成，红色则是绿色的互补色；橙色是由红加黄而成，蓝色则是橙色的互补色；紫色是由红加蓝而成，黄色则是紫色的互补色。如果将互补色并列在一起，则互补的两种颜色对比最强烈、最醒目、最鲜明：红与绿、蓝与橙、黄与紫是三对最基本的互补色，它们之间的色彩对比最强烈（见表6）。

表6　互补色

	互补色（冲突色）		
三原色	红	蓝	黄
三间色	绿	橙	紫

三原色的象征意义：红代表活力；蓝代表与母性相关；黄代表意志力。

三间色的象征意义：绿色是蓝与黄的结合，意味着滋养，有可能是成长与健康、温柔与纯洁、嫉妒与危险、生机与治愈、和平与自然、好奇与敏感、孤独与痛苦的象征；橙色由激情的红色与权威的黄色混合而成，男性曼陀罗中的橙色与女性曼陀罗中的橙色有着不同的意义；紫色由灵性和冷静的蓝色加上了代表能量和欲望的红色混合而成，因此带着神秘感。

补色并列在曼陀罗作品中，意味着对立的紧张关系。

（2）冷暖关系。颜色可以分为暖色系、冷色系和中性色系。一般来说，涂色时先用暖色系，再用冷色系，最后用中性色系，在此过程中可以得到相对平衡、静心的效果。当然，涂色曼陀罗并没有一定的规则，一切顺序皆由无意识决定，不过使用的每一种色彩都是在表达心理的意象。暖色象征外倾、热情、意识和强大的自我；冷色象征内倾、退缩、冷静、无意识或虚弱的自我；中性色作为色彩中的一个特殊系列存在于自然界中，可缓和紧张气氛，达到平衡（见表7）。

表7　色彩能量

色系	意义	能量强弱
暖色系	外倾性能量	红 > 桃红 > 粉红 > 黄 > 鹅黄 > 浅黄
冷色系	内倾性能量	深蓝 > 宝蓝 > 天蓝 > 墨绿 > 草绿 > 粉绿
中性色系	中庸性能量	黑 > 灰 > 白

（3）调和关系。色彩的对比与调和是内在平衡的表现。色彩调和得越好，说明内心越和谐。在曼陀罗色彩调和分析中，主要是看"色调"上是否统一，看画面所有色彩搭配的综合效果，整个画面是否具有某种明显的色彩倾向性。

（4）明暗关系。明暗主要是指色彩明亮程度。主间色按明度顺序排列为：①黄；②橙；③红；④绿；⑤青；⑥紫。明度最高的是白色，最低的是黑色。明度越强说明意识的功能越好。所以，对于同一幅涂色曼陀罗，不同的心理状态涂出来的"图案"也各异（见图200—图201）。

图200　涂色曼陀罗1　　　　　图201　涂色曼陀罗2

（二）结构分析

如果说曼陀罗颜色分析是第一重点，那么，曼陀罗的结构分析便是对曼陀罗分析的第二重点。

曼陀罗的结构包括线条、方向、形状和数字4个方面。

1.线条

任何图形都是由线条和色彩组成的。线条既是点运动形成的轨迹，也是构成作品最基本的要素。线条有直线和曲线的差别，又有粗细、长短和强弱的变化。

（1）线条的长短。曼陀罗中若以长线条为主，则表示画者具有较强的自我控制能力，情绪也比较稳定；而短线条则意味着自我意志较弱，情绪较不稳定。如果线条长短不一、杂乱无章，说明画者注意力不集中，漫不经心或心还没有安放好。当然，线条的粗细和密度也在传递不同的感觉和意义：粗的线条有力量感，细的线条有无力感或代表做事细腻；线条密度也可能在表达一个人的胸怀和格局。

（2）线条的流动性。线条的方向分垂直和水平两种。垂直的直线，给人高洁、挺拔、正直的感受；水平直线给人平和、安定、静止的感受。如果曼陀罗作品中以直线为主，则表明画者较为阳刚，理性功能较强；若曼陀罗以曲线为主，则表明画者较温柔，情感功能比较强。在曼陀罗作品中，线条僵硬缺乏变化，则表明可能自我约束过度，缺乏灵活性；线条比较尖锐，则表示心里充满愤怒和具攻击性；线条柔和，则表示心态比较平和。

（3）线条的流畅与连贯。曼陀罗的线条如果比较流畅，则说明画者比较果断，协调功能良好；若线条出现断续，则说明自我缺乏安全感和勇气。如果线条和接口连贯，则意味着自我的觉察功能良好，现实感强；线条不连贯，则可能是行为控制力差，自我意识较弱。

通过线条的形态，我们可以感受到画者的力量及灵活性；通过线条的轻重与断续，可以感受画者的稳定性与控制力，因此曼陀罗中的线条与自我功能关系密切。需要注意的是，曼陀罗线条的分析应该结合整幅画作的构图和其他要素综合分析。我们在分析中应保持一种开放的心态。

2.方向

在心理咨询服务中，我们主要是借用曼陀罗绘画激活自性，整合内在冲突，所以，一般建议在直径25厘米的圆内作画，因此结构曼陀罗都是在大圆中绘画，线条和形状必然涉及圆周与中心的关系，要么离心，要么向心，这就表现出方向性。

在规定的大圆中绘制曼陀罗，处理圆心与周围的关系，协调向心力和离心力的倾向，这需要整合功能，因此曼陀罗的方向显示出画者的整合功能。

如果绘画方向由外周指向圆心，曼陀罗表现出向心性，整幅画暗示从外周向中央集中紧缩的感觉，曼陀罗发挥其凝聚功能，画者注意力集中，从而强化自我功能，可以让人体验到中心的意义。因此，向心曼陀罗一般可用于干预注意力缺失症问题（见图202）。

如果绘画方向由圆心指向外周，作品则表现出离心力，让人产生从内往外扩散的感觉，一般用于抑郁和焦虑症干预，支持来访者把压抑在无意识的东西"发散"出来。而曼陀罗的外周用圆形作为边界，寓意防止内心能量因为扩散而流失（见图203）。

图202　向心曼陀罗　　　　　图203　离心曼陀罗

当然，绘制的曼陀罗是离心方向还是向心方向，与画者的内在力量有着直接的关系。离心，表示画者内心强而有力，意味着画者正发挥巨大的潜能；向心，表示中心虚弱，客强主弱，体现出画者自我的疲惫和虚弱。如果作品的中心点偏离圆心，或不明确，则会让人感觉模糊不清甚至混乱，这种情况可能暗示着身心不平衡的状态。

3.形状

曼陀罗画者是在大圆中绘画，每幅曼陀罗作品都可能由不同的形状组成，一般常见的几何图形有三角形、方形、菱形、圆形、五角星和螺旋纹等。不同的形状所传递的信息和意义也不相同。

（1）三角形。三角形具有角，给人尖锐的印象，它象征进取的力量。如果顶部朝上，意味着积极进取；如果顶部向下，意味着优柔寡断和退步；如果三角形横放，也许意味着"躺平"或找一种平衡关系。当旋转时，尖锐的角让人感到不舒服，代表会在其语言或行为方面伤到他人。荣格认为，三角形的指向性也象征自我向自性集中的倾向。

（2）方形。天圆地方，平坦的大地让人感觉安宁、稳固与踏实。方形是人们熟悉和值得信任的形状，意味着诚实可信，其角度代表着秩序和理性。如方形在大圆内任何一圈并与其内切，表示画者"外圆内方"的特点。

（3）菱形。在古代，菱形表示明亮、通透和聪明，多用在门窗上或临街墙上留的窗口。从几何角度看，菱形是倾斜的等边平行四边形，给人一种对称、稳固、交错的感觉，往往用来代表闪烁、高贵、稳重、大气；因形状像钻石，因此也有钻石的象征意义。

（4）圆形。圆形代表着保护或无限。它们限制里面的东西，同时不让外面的东西进来。圆形的完整性暗示了无限、团结、和谐。圆形也是优美的图形，它们常常被女性化，代表了温暖、舒适和保护。

（5）五角星。五角星中线段的比例符合黄金分割率，使得五角星成为美丽与完美的象征。由于五角星具有方向性，所以正向的五角星意味着向上追求的动力，而反转的五角星则象征着下降和分解的趋势。此外，五角星中两点朝下、一点朝上，如同直立的人形，因此象征着自我认同感、价值感、使命感和成就感。曼陀罗中出现五角星表示在工作或学业上要取得成绩了。

（6）螺旋纹。螺旋纹主要与繁殖和生育有关。在中国神话及仪式中，螺旋纹具有神圣性。螺旋纹意味着彼此缠绕，象征的是合二为一。在曼陀罗实践中，我们发现螺旋纹常传递的是纠结和焦虑的情绪。

在曼陀罗作品中，画者不知不觉所展现出来的形状，往往带来很多无意识的信息。画者在作品中时常绘画某个形状，是需要着重关注的内容，再结合色彩和线条要素，深入理解画作所传达的信息，可以更全面地理解画者。

4.数字

在曼陀罗作品中，数字蕴含着重要的文化信息，我们在此着重讨论数字在中国文化中的象征意义。比如，在同一画者的曼陀罗作品中，某个数字的形象不断出现，那么该数字对画者而言，具有重要的象征意义，分析作品时，要特别重视该数字蕴含的意义。每一个出现在曼陀罗作品中的数字绝非偶然，与画者的文化心理是分不开的。

数字1：表示统一、开端、独一无二。"1"象征着开端，像一粒种子可以生长成一棵参天大树，蕴含着蓬勃的生机。所以，第1次画的曼陀罗、曼陀罗中第1个图形、第1次出现的事物都意味着一种未成熟的潜力。在中国，"1"

也象征着权威、领导和优先。例如，"一号人物"，表示其地位的尊贵和独一无二。数字1在中国传统文化中也被视为吉祥的象征，常与吉祥、顺利和福气联系在一起，包含1的词语有："一帆风顺""一蹴而就"等。

数字2：代表二元对立、对偶、平衡等。"2"是所有数字中象征意义最丰富的一个。在中国哲学思想中，存在着一种相互依存又相互制约的观念，如阴阳、男女、天地等，数字2象征了这种对立但又相互依存的平衡关系。在婚姻和家庭观念中，数字2代表着结合、互相扶持和共同成长。数字2也象征着友谊和团结，如"两人同心，其利断金"、和合二仙的故事，都强调了合作和团结的重要性。"2"还象征保护神的野兽雕像，通常一雄一雌，互为搭配，从而意味着力量。

数字3：代表祥和、吉祥和多。"3"被视为祥和、吉祥的象征。在中国传统文化中，"3"寓意着生命的延续和繁荣，有着三生万物的原则。"3"打破了二元对立，因此它象征着心理的动力系统。"3"还是个吉祥的数字，是个好兆头，很多有三的词语都寓意很好，如"三阳开泰""福禄寿三星"等等；生活中有"礼让三先"，做事要"三思而后行"，"三十而立"，等等。"3"也象征着稳定和团结。

数字4：四面八方，四平八稳，具有平衡完整的意思。"4"在中国文化中有着积极和消极两种象征意义。因为"4"与"死"谐音，在有些地方有着不吉利的象征意义，而有的地方则正相反。"四通八达"等成语，说明"4"象征着空间和边界，一年分为春、夏、秋、冬四季，具有周而复始的意义；从心理学上看，"4"对应着意识的4种功能：思维、情感、感觉与直觉，因此从心理类型学的角度，曼陀罗中经常出现4，意味着个体比较完整，自我接近自性。

数字5：完整性、幸福。在现实生活中"5"这个数字随处可见。人有五官，手有五指，花有五瓣花，等。"5"这个数字在中国文化中具有极为独特的象征意义，如：金木水火土"五行"，寿、富、康宁、攸好德、考终命"五福"；生活中人们用"五谷丰登""五子登科"等表示幸福和祝福。所以，"5"象征着完整性和幸福。

数字6：整体、顺利。"6"在中国文化中有着独特的象征意义。在中国传统文化中，"六合"指的是天、地和东、南、西、北4个方向，代表着宇宙的整体和全面；"六艺"指的是礼、乐、射、御、书、数，代表着中国古代文化中的六种基本学科；"六亲"指的是6种亲属关系；"6"也代表顺利和吉祥，如"六六大顺""六畜兴旺"等。

数字7：象征着冲突和过程。"7"是一个很神奇的数字。生活中，很多事物都和"7"有关系，如音乐中有7个音符，自然界有7色彩虹，一周有7天，地球上有七大洲，等等，都表示一个整体中的不同元素。在中国，数字7具有一些特殊的象征意义，如"七夕"情人节，代表着牛郎织女相会的浪漫传说，也象征着爱情和浪漫。

数字8：财富繁荣、成功和幸福的象征。"8"在不同地域象征意义不同。在我国民间"8"象征财富和成功，容易让人想到八面威风、八面玲珑等。在商业和经济领域，由于"8"和"发"发音相似，人们会将数字8用于命名或者作为吉祥标识，以期能给事业带来成功。

数字9：持久、永恒、高贵。"9"是个位数中最大的数字，因此，在中国文化中，"9"常被视为长久、持久和永恒的象征。在古代，"9"被视为尊贵和高贵，如形容帝王的"九五之尊"等。在生活中，人们也常用"9"表示祝福，如"九九归一"等。

数字10：代表完美。古希腊数学家毕达哥拉斯认为，10是一个完整、完美的数字。"10"在中国文化中代表完整、圆满、美满，无论是个人的品质、关系、事物的特征完美，还是家庭、成绩、人生状态的完满，都可以体现在10的象征意象里。常用词语如"十全十美"等。

（三）意象分析

每每讨论意象，总会引起很多争议和提问。其实，意象在中国的《易经》中就已经出现了，《系辞传下》曰："八卦成列，象在其中矣"，"是故《易》者，象也。象也者，像也。"也就是说，《易经》中的"卦"的样子就是"象"。"象"就是图像的意思。比如，我们闭上眼睛，静静地等待，脑海中可能出现一片树林，或是一座大山等场景，你"看见"的那个场景你可能见过，也可能从未到访过，这就是心理学说的意象，即主动在人的头脑中浮现出的画面及画面中的具体内容。但是意象不等同于图像。意象是具有心理意义的，也是可以影响我们的心理的；不具有心理意义的画面只能是客观的图像。比如，我们看到一株竹子，赋予它了"宁折不弯"的心理意义，就是意象；如果没产生任何心理意义，那就是图像。曼陀罗意象正是指画者在绘制曼陀罗画中所表现出来的形象，它是画者用以表达内心故事、情感及想象的重要方式，可以是平面的，也可以是立体的；可能是一个符号，也可能是一朵花、一把宝剑等。因此，曼陀罗中的颜色、结构、线条和形状等都是表达画者内心的某种意象。所以，曼陀罗意象分析十分重要。

荣格提到过各种各样的意象，更多时候是指富有寓意的图像，有时也指代图腾等。在这里，我们主要介绍荣格关于曼陀罗归纳的意象中常用的六大类及其不同的象征意义。

（1）保护性意象和象征。

①花：如同母亲，孕育保护着自我（见图204）。

②城堡：具有保护和神圣的意味。

③盾牌：在面临外界压力时，保护被动和力量薄弱的自我。

④宝剑：象征着用力和力量。

⑤雨伞：自我防御的利器，象征着对抗压力的工具。

图204　《雨》（画者：苏伯阳）

在曼陀罗作品中这类意象象征着抵御威胁、对抗力量，都与自性的保护功能有关。

（2）凝聚性意象和象征。

①眼睛：意味着注意力和凝聚力，象征着光明和睿智（见图205）。

②转轮：象征着自性的凝聚功能。包括旋转木马、风车、旋涡等。

③宇宙树：象征自我向自性凝聚。

这类意象是指自性能够让自我围绕着它转，注意力集中而不分散，提高定力。

图205　《卡住》（画者：李世轩）

（3）整合性意象和象征。

①太极：代表着二元对立的统一。太极的阴阳两面正好对应着自我与阴影、自我与阿尼玛或阿尼姆斯（见图206）。

②桥：象征着对立双方的沟通与连接。

③彩虹：雨过天晴，代表内心某个方面已经整合有序了。

④宝石：宝石的结构象征着自性的秩序性。

⑤咬尾蛇：低级的统一，表面完整，但缺乏分化出来的本质。

⑥十字架：基督教的象征。

这类意象出现，说明自性已协调冲突并发挥整合功能，提高自我觉察和化解冲突的能力。

（4）方向性意象和象征。

①星星：象征着指引心灵方向的自性原型。

图206 《平衡》（画者：李洁）

②灯塔：通过智慧的光芒，引导个体从无意识中或迷失自我时寻找方向。

③魔法师：象征自性对自我的引导。

④轮子：曼陀罗的主要象征，代表活力、循环、生成、消失（见图207）。

⑤迷宫：象征着自我找不到方向和意义，产生焦虑心情。

这类意象表示画者在探索生命的意义，减少迷茫和空虚感，开始提升自我价值。

图207 《动》（画者：苏伯阳）

（5）神圣性。

①太阳：象征着力量，也经常代表父性的原则。如果是黑色的太阳，则象征着灾难和死亡，或无意识。

②月亮：多与女性有关，也象征着情感。对男性而言，月亮对应着温柔的阿尼玛；而对女性而言，则是理想化的自我。

③闪电：象征着智慧。

④珠宝：如意、珍珠等。

⑤龙凤：心理整合的象征（见图208）。

⑥狮子：代表着力量。

图208 《呈祥》（画者：陈京菁）

这类意象能够触发对人性的思考，减少自我中心带来的烦恼，可以扩大心理容器。

（6）其他常见意象和象征。

①楼梯：上楼梯意味着力求上进，下楼梯代表探索无意识或推行。

②手：象征行动力与成就。

③镜子：象征知识、智慧和觉悟。

④蛋：生命的开始，意味着新的心理品质开始出现。

⑤蜜蜂：勤劳的象征。在我国，也指女性的某种躁动。

⑥蜘蛛：思维的缜密或老谋深算、陷阱。

⑦蝴蝶：象征转化。

⑧龟：象征长寿，自性的承载功能。

⑨鱼：象征性、财富。

⑩蛇：象征性、冷漠、邪恶；转化为智慧（见图209）。

图209　《生机》(画者：韩菁菁)

透过曼陀罗意象触及原型，是一种内在心灵的感触，自性由此涌现，引发自性化的过程，同时获取治愈的效果。因此，所谓曼陀罗意象，已不仅仅是外在的形式，在我们每一个人的内心深处都有着曼陀罗的原型，在现实生活中，自有曼陀罗意象的自然表达。

其实，在曼陀罗的绘制中，无意识正是通过象征，慢慢呈现其意义。若其意义能通过分析而被发现，则个人便逐渐成为自己心灵的主人。

五、曼陀罗作品分析的原则

（一）个案作品分析

在分析来访者的曼陀罗作品时，我们一般要遵守以下5个原则：

（1）系统原则。所谓系统原则，就是我们在分析来访者的曼陀罗绘画时，不能仅仅依据颜色理论或结构理论或象征理论下结论。换句话说，我们不能只看来访者选用的颜色，或曼陀罗的结构，或构图的象征，而是要把颜色、结构、象征放在一个系统里，并结合来访者提供的信息、来访者自己在绘画过程中的感受，以及来访者自己对曼陀罗作品的描述进行综合分析。因此，我们常常要求来访者在非咨询时间自主绘画曼陀罗结束时，在画纸右下角记录作品名称、时间，在画纸背面记录绘画感受。

（2）连续原则。连续原则是指在分析个案的曼陀罗作品时，不能依据某一次的作品下结论，而是要结合来访者一个时期的系列作品进行比较分析。也就是说，使用曼陀罗绘画进行心理服务过程中，要秉持发展的全面的观点，这一点非常重要。

（3）深入原则。深入原则是指咨询师在分析个案的曼陀罗作品时，不能只分析表面的故事或意识层面的认识，而是要解析无意识的信息，探讨表层背后的故事，帮助来访者认识自我。这一原则要求咨询师能够在哲学视角下读懂生命和人性。

（4）成长原则。成长原则是使用曼陀罗绘画进行心理服务的核心原则。我们以曼陀罗绘画为媒介，旨在支持来访者为内在压抑的情绪或困惑找到"出口"并投射出来，促其激活自性，整合内在冲突，获得力量，最终实现成长。所以，分析曼陀罗作品的过程是咨询师与来访者共同探讨生命故事的历程，以来访者的成长为目标，这一原则要求咨询师具有较好的哲学思维。

（5）积极原则。积极原则是指在分析曼陀罗作品时，不要过多讨论负性问题、负面情绪、无望的未来，而是要去发现来访者内在积极的资源，并共同探讨如何把这些积极的资源转化为积极的能量，给来访者以希望和支持。这一原则要求咨询师拥有开放的心态和巨大的正向能量，给来访者希望。如若真的"看见"较严重的问题，也不会严肃"警告"。

曼陀罗作品分析尽管有上述5个方面的原则，但不可忽视的尤为重要的一点是咨询师的感受力。比如来访者完成一幅曼陀罗绘画，咨询师第一眼看见画的感受足见其功底。因为曼陀罗绘画是一种表达，一种无意识的投射，画者画的线条、形状，以及使用的色彩都是他生命故事的述说。所以，咨询师"感受"作品的力量后，再与画者"核查"信息，如此练习，可以提高咨询师的感受力，积累分析经验，甚至可以形成自己的咨询方法。因此，在曼陀罗分析工作中，认真填写曼陀罗绘画分析表（见表8）是必要的，特别是初学者，万不可"偷懒"。

表8 曼陀罗绘画分析表

作品名称		作者		年龄	
职业		婚姻状况		性别	
分析师		分析时间		作品频次	
来访者对作品描述				作品栏	
来访者的绘画感受					
结构分析					
颜色分析					
意象分析					

（二）自我作品分析

当我们把曼陀罗用于自我保健，我们完成绘画后可以展开以下5个步骤，促进自我成长。

第一步：为曼陀罗命名。可依据直觉命名，直觉传达感性的语言，最能直指无意识的意图。

第二步：逐一列出曼陀罗中的颜色，从主色到最细致的颜色一一罗列，重点留意画圆的颜色。

第三步：展开自由联想，写下对各色彩的联想。如从每种色彩中所联想到的词汇、感觉、影像、记忆等。

第四步：逐一列出曼陀罗内的数字和图形，一一进行自由联想，写下每个数字、图形、线条使你联想到的词汇、感觉、记忆等。

第五步：依照曼陀罗的名字和所衍生出的联想，用几句话表达曼陀罗的主题，直到你收到一个灵感，甚至更多，请把它们记录下来。日积月累，你会看到心灵成长的完整足迹。

这些步骤结束，就是一次完整的曼陀罗解读。它结合了感性认知和理性思考两个方面，对它的解读同时也是在训练我们的这两种思维。曼陀罗不仅仅是无意识的流动，它需要通过意识的参与才能更好地提升内在的智慧，从而改变心灵结构，让我们内在更强大。

曼陀罗这样一个简单的图形实际代表了天圆地方，代表男女阴阳结合，代表阴影和人格面具的两面一体，同时也代表我们的自性化历程。它结合了人类智慧，结合了古老的智慧，也结合了表达性心理咨询的精华，是宇宙自然规律投射在了曼陀罗图形上，并且在荣格自性理论的基础上，被引入心理咨询当中。

实践案例

一个初二女生的曼陀罗故事

案例分享

S是初中女生，初一时写的一封遗书被妈妈看见，于是被带去看心理门诊，医生诊断为重度抑郁。经人推荐，S在爸爸妈妈陪伴下，一家三口驾车220公里，来到了咨询师办公室。经与S交谈，得知S妈妈是教师，产假后上班即把S送到爷爷奶奶家，S直到上学才回到爸爸妈妈身边。S很喜欢读书，初一时迷恋读网络小说，因为怕耽搁她的学习，妈妈把她的电脑摔坏了，这让她很伤心……从此，在她眼里，妈妈很傻，爸爸很自私。

S和咨询师无话不谈。由于"问题"涉及S与妈妈爸爸的关系、与自己的和解，所以每次咨询师先与S沟通辅导1小时，再与爸爸妈妈沟通辅导2个小时。由于路途较远，所以他们全家人每两周来1次。但是5次后，因特殊原因，他们不便再来，咨询师教给了S冥想的方法，指导她在家使用曼陀罗自助，并要她每次画完就把过程感受写下来。自此，咨询师没有再与S"话疗"，只是依据S通过微信发来的曼陀罗作品，指导她后续使用涂色还是绘制曼陀罗，几乎不解释。S很喜欢画曼陀罗，有时一天就会画几幅。S康复后还在绘画曼陀罗。无论是在学习压力大时，还是偶有小情绪时，S都会坐下来绘画曼陀罗。她说："曼陀罗太神奇了，瞬间体内大扫除。"

（下文出现的"作品介绍"部分文字描述均来自画者，内容涉及画者画时的情感状态和绘画初衷等，故语言表述和逻辑上有所欠缺，此处不做修改以求真实展现画者情绪与画作的关系。）

第一阶段：释放情绪。

因当时S与妈妈爸爸冲突严重，依据当时的状况，咨询师给她几幅曼陀罗黑白稿，请她涂色，以期把负性情绪借助彩笔的涂画释放出去。

曼陀罗1：黑暗（涂色）（见图210）。

作品介绍：涂色过程很紧张，有一种不舒服感，有点喘不过来气，胸口有压迫感，想起很多不愉快的事情。

情感反应：痛苦、压抑。

图210 曼陀罗1

作品分析：整个曼陀罗模板都是用黑色填涂，好像乌云密布的天空，又好似走进一个黑暗的世界，因此来访者涂色过程感到压抑，这也说明她身体里压抑了太多的"不快乐"。但是，在这乌云密布的环境里，她一个人可以努力地生发出一束束力量或生命的初心（白色），只要拥有这份力量，就会发生探索和改变自己和"世界"的行为。

说明：这幅离心曼陀罗模板是一朵花。离心设计可以帮助来访者释放身体里压抑的负性情绪；花朵在曼陀罗中具有保护性意象，大圆象征母亲的乳房和环抱，这能使来访者感受到接纳和与妈妈的联结。但从来访者使用的色彩看，她与母亲的关系充斥着"不满意"（她90天大时就被送到爷爷奶奶家生活了）。所以，改善与母亲的关系是治疗的目标。咨询师给来访者的这幅离心花朵曼陀罗，正是想帮助来访者将身体里压抑的情绪先释放出去。

曼陀罗2：毁灭（见图211）。

作品介绍：冥想时似乎看到了花，就想把它画下来。画着画着开始烦躁不安，然后就不想画了，想毁了它。

情感反应：不安。

作品分析：虽然画者嘴上说想毁掉"它"，但我们看到小圆的花还是那么完好。花是保护性意象，说明她渴望母亲的保护。而大圆

图211　曼陀罗2

的"混乱"也说明她和母亲的冲突还没有得到解决。花心内的蝴蝶又象征着改变，表示来访者"向好"的动机已经出现。遗憾的是内在还有些许冲突（黄色花心和紫色花瓣儿的冲突），以及不对称的蓝色花瓣也在讲述着内在的失衡……

曼陀罗3：期盼（见图212）。

作品介绍：觉得和自己的身体有了连接，做什么事都有了愉快感。但是那种紧张、焦躁、心慌、下意识悲观恐惧的心情状态仍然有一些，真的好想让它们赶紧撤出我当下的生命。

情感反应：无力。

作品分析：小圆的红色说明来访者安全感问题仍然存在，恐惧的黑色试图占据内在全

图212　曼陀罗3

部空间，圆心的黑点也被重重地描画，这都说明绘画的当下，她自己无法赶走那个不安与恐惧，因为大面积的留白表示她的无力感。不过对称的蓝色半圆还是带来了希望。

第二阶段：提高安全感。

曼陀罗4：回归（见图213）。

作品介绍：今天冥想的时候想起一首纯音乐之后突然又有了生活的炙热

感，比以前都要多都要久地感受到了最重要最美好的事物。可惜过了挺久的一阵子之后又有了不安感，美好的感觉就停止了。不过我感觉这给我的影响非常好，现在也不会担心、害怕、不安了，我也不觉得失望，有很稳定的正常状态输出！真的很神奇。

情感反应：激动。

作品分析：这幅作品中几乎没有冲突色了，但是结构仍然不对称，大面积的空白和白色，虽然看不到内在的力量，但也能够让她平静地感受生活。

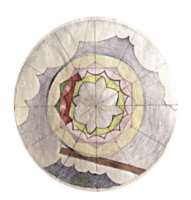

图213　曼陀罗4

曼陀罗5：希望（见图214）。

作品介绍：今天立春，我真的感觉到光和空气的气息变化成了不一样的能量特质，就算是心理因素，也让人觉得充满信任和无限的奇迹，真的是很舒服的。有恢复、发芽、生长的轻松舒适的感觉。

情感反应：激动。

作品分析：这幅曼陀罗出现了彩虹，真是可喜！说明来访者某一个方面已经完成了整合，改变即将到来。

图214　曼陀罗5

曼陀罗6：世界（见图215）。

作品介绍：绘画过程好像有一种力量牵着我往前走，还想之前的感觉回来了，想走出去看世界，但有点不知先去哪里。总的来说感觉很好。

情感反应：激动。

作品分析：八只眼睛围成了圆，相向对应，象征着光明和睿智，也说明画者的注意

图215　曼陀罗6

力得到了改善。尽管有两个黑色"眼睛"，给人一丝不爽，但是无法阻挡她探索新世界的脚步。正如她在绘画曼陀罗过程中的感受："好像有一种力量牵着我往前走！"

第三阶段：激活自性。

曼陀罗7：乐观的一切（见图216）。

作品介绍：缺乏安全感是小时候就有一点的问题，但是现在我长大了，我知道世界是如何迷人。我还在充盈着喜悦、爱、智慧的美好时光里活过，还在健康层级里见过世界，见过自己的像神仙一样的日子和有过为生命无比震撼的感觉！我真的真的需要让自己好起来，我还有无数的事要做！！！

图216　曼陀罗7

情感反应：欢喜。

作品分析：中心抱着圆形的三角形给人带来活力、向上和挺拔稳定的力量，象征自我向自性集中的倾向，但遗憾的是三角形没有处在"直立"状态。"三"打破了二元对立，象征着S的心理动力系统开始全面启动，激情的红色，充满希望和爱的绿色，包容的蓝色，这些都显示出S内在力量的改变、与父母关系的改善、学习进步的不可分割性和向好的发展。

曼陀罗8：守护神（见图217）。

作品介绍：这张里的一切都是复苏、美好、有力量的东西。

值得一提的是河马，是我在做一个冥想的时候感受到河马能消除我不健康的状态，为我带来满意的生命。在查河马的寓意的时候，看到在古埃及河马代表恢复生机和活力。河马有力量，但是却选择温柔有爱的生活状态，还有保护弱小的含义，很符合我曾经有过的生命里正常美好的心态。还有就是最底

图217　曼陀罗8

下的彩色火焰是我最后加的，我希望它们可以消融从前虚假的痛苦，带来新生命。上午画了下面半张，刚刚画了上半张和火焰。我不相信有守护神，但相信人的内在有奇迹和像神一样美好的部分。

情感反应：很开心。

作品分析：正如S的感受，一切都在复苏。从结构上看，似乎不是一幅标准的曼陀罗，但这也是它的特点，充满了自由和灵性的创意，还像是打开的地球——S创造的一个新世界。蓝色，沉静的水，无声地保护着整个地球（家），这就像她的爸爸，默默地陪跑；红色的火焰和黄色的温暖是那么融合，包裹着河马，而她自己查阅到河马代表恢复生机和活力。恰巧河马使用的灰色，代表着智能、反省及相对性的特征，其正面的象征意义是在对立之间取得平衡与协调，这也说明S在努力地整合着内在的平衡。美好正在发生。

曼陀罗9：动画（见图218—图219）。

作品介绍：画这张的时候也几乎（只有一小点不太好）只感觉到了很好的东西。画到后来我也知道没有静下心，觉得还没有太沉下心，就写了后面的文字。我这个人真是太奇怪了，刚刚还觉得人类是多么伟大，有内在神性。现在又感觉有点被过去的状态所牵绊……唉，又觉得有点想哭。要是真的有神就好了，赶紧让我跟过去，管他是什么体什么气场什么心理，永远说绝对的再见吧。（因通过微信不便沟通，她有时也不会即时发过来。第二天，有收到她的补充）1是万花筒照亮生命的奇迹。7区域是从1发射的光亮。2被冷却的旧伤的热（因此目前不再"热"），希望要去拿回爱与美的世界。3是藤蔓，之前的画里这个我有点嫌弃，没画。当时能接受自己真实的感受啦！它的生长比较健康，我觉得有生命力；仔细看3的区域，红色里有一个长发一样的东西，用粉色画的，画的时候觉

图218　曼陀罗9-1

图219　曼陀罗9-2

得有回归感，有情绪感，当时是想到我第一次自己画的满意的画，在四五年级的时候，那幅画里有类似的东西，当时我在那幅画里是第一次画出我觉得满意，有点专业的东西，那个头发我觉得很漂亮，是珍贵的回忆。但是状态还没有那么好，也没有第一次的时候奇幻美好。6和2是不同方面，所以以不同形态照亮。4是天使、指引和爱。

情感反应：有点累，但期待与过去告别。

作品分析：这幅曼陀罗乍一看，结构不够完整，构图也不对称，但却充满了激情，那激情像火，在燃烧。正如S所说"感觉到了很好的东西"。除了红色，还有绿色（未来的希望）、黄色（关爱自己）和蓝色（母亲的包容），这都说明S心中拥有了希望，也获得了妈妈的包容，母女关系已经好转，她也将学会关爱自己。加上她后来的补充，可以看到S内在的正向能量在增长，冲突在逐渐消失，不难看出自性的整合功能获得了很大的发展。

曼陀罗10：感动（涂色）（见图220）。

作品介绍：三年来我和我心中的美好若即若离，和它分开第1000天的时候，我一晚上都没有睡着，我真的感觉好像已经过去了几辈子那么长。今天晚上，我做了冥想，感动到不行，内容和疗愈创伤有关，之后听到了一首三年前听过对我来说意义重大的歌曲……直接感动到飞。

图220　曼陀罗10

情感反应：感动，激动。

作品分析：不知发生了什么，S创作曼陀罗中突然又完成了一幅涂色曼陀罗，这一幅模板她选择的是一个收获阶段的对称图案。尽管三次使用了黑色，但总体是中心饱满的橙色（强烈的认同感和自信）、外溢的红色（激情与活力）和多种绿色的人形（希望），充满了积极和健康成长的意义，也象征着S在曼陀罗疗愈过程中改变的不同阶段。

曼陀罗11：温柔的爱抚（见图221）。

作品介绍：现在居然身体上没有不好的感觉，只有放松和微微累的感觉！重点是我想起来之前一切都十分平稳、十分可爱的日子，我就算状态特别不

好、特别伤心，也都很接受当下、很专注当
下。现在整个世界都平和宁静，可以用"流
亡的人回家"来比喻。去想想之前的日子是
怎么过的，要懂得珍惜现在的日子。

情感反应：平安、安心、满意。

作品分析：这一幅曼陀罗结构上开始对
称了，表明S进入了整合阶段，也在准备新的
发展。整个结构还显示出"4"的特点，中心
的四边形、四根向外发射的"光柱"又像转
动的风车、四个对称的球体、外层四个金色

图221　曼陀罗11

圆点像是四盏灯（太阳或光源），这一切意味着个体比较完整，自性开始有激
活的倾向。再看曼陀罗的色彩，坚定而饱满的橙色，表明S开始关爱自己；红
色是人格的生命力；紫色是创新、灵感与积极的想象力，那"心"中的一抹绿，
充满了生机，向上生长；左右大面积的黄色是大地，是母亲的支持。看来母
女关系已经改善了。

小结

　　曼陀罗绘画投射个体的自性状况，进而通过发挥曼陀罗的保护功
能、整合功能、超越功能和指引功能改善个体的心理功能。因此，人
们可以通过曼陀罗绘画修复自性的功能来维护心理健康、完善人格结
构；通过绘制曼陀罗或涂色曼陀罗活动，让快节奏生活的人们获得一丝
安宁、一份快乐。曼陀罗这些重要的心理意义无论在心理学界还是其他
领域，都已经逐渐得到广泛的认可。这也是在众多的心理咨询与服务技
术中，少有的同时具有多重功能的方法，而这正是曼陀罗绘画的优势
所在。

思考与讨论

- -

1.曼陀罗绘画与树木画投射相比，你更喜欢使用哪个咨询模式？为什么？

2.如何理解曼陀罗的疗愈功能？

3.开启你的心灵探索：

（1）请画一个圆（数值自定），然后闭上眼睛，用左手在圆中随意涂鸦5秒钟。

（2）睁开眼睛，看看画的是什么，然后通过添画完成曼陀罗。

（3）探索自我。

（4）完成表9。

表9　曼陀罗作品分析表

作品名称		日期	
内容描述			
心情描述			
自由联想			
受到的启发			

第四章

游戏

这是一个

安全并受保护的世界

在这里

你可以自由想象

每一个

无声的信息

都在讲述着

真实的故事

第一节　游戏与心理咨询

游戏用于心理咨询和治疗源于1909年弗洛伊德治疗的一例儿童心理问题案例。弗洛伊德称他为小汉斯（Little Hans）。小汉斯因恐惧马而焦虑，他父亲请弗洛伊德帮助小汉斯。当时，弗洛伊德实践的技术主要是自由联想和梦的解析，这两种方法都需要语言作为"中介"，而对于年幼的小汉斯来说，他无法清晰地描述自己的感受和梦境。弗洛伊德开始使用游戏，并建议小汉斯的父亲改变对小汉斯的某些行为，小汉斯渐渐康复了。后来弗洛伊德的女儿安娜·弗洛伊德（Anna Freud）系统地整理了父亲的技术及利用游戏进行儿童心理分析治疗的方法。自此，游戏治疗成为一种新的心理咨询方法。

20世纪初，游戏治疗从精神分析对儿童治疗的尝试中发展起来，经过不断的整合发展，如今在世界范围内游戏治疗有许多流派，如心理分析游戏治疗、结构主义游戏治疗、格式塔游戏治疗、儿童中心游戏治疗、认知行为游戏治疗、沙盘游戏治疗等。可见，儿童心理学家、临床心理学家和行为学家都看见了游戏对心理疗愈的作用，并且在临床治疗过程中不断尝试游戏疗法。但也有学者认为，游戏没有治疗功能，只是把游戏作为儿童心理分析时的一种媒介。

1982年，美国游戏治疗协会成立，标志着游戏治疗作为心理咨询与疗愈工作的一个特殊领域已经赢得了人们的认同。目前，凡是运用游戏作为沟通媒介的心理咨询都可称为游戏疗法。因此，游戏咨询模式不是某一学派的特有方法，而是任何一种心理咨询中均可使用的工具，以游戏作为评估和咨询的媒介。

游戏治疗的发展历史在许多方面与心理学史相似。由于游戏治疗受到许多理论流派的影响，因此无法依其发展先后顺序介绍，我们在此仅简要讨论与表达性心理咨询相关的两类游戏咨询技术：沙盘游戏和表达性游戏。

游戏咨询技术被广泛应用于儿童心理咨询服务。它不仅仅对心理行为障碍儿童具有促进作用，而且对正常儿童的普遍发展问题也具有一定的预防性作用。当然目前世界上，游戏咨询技术不仅用于儿童，我们知道很多咨询师也都将其用于成人的心理咨询工作中；不仅用于个体，也用于团体的心理服务当中。

既然游戏咨询的主要服务对象是儿童，那么我们就需要首先搞明白一个问题：是不是所有的儿童都适合游戏咨询，适合哪一类治疗游戏。比如，注意缺陷多动障碍的儿童，是先通过偶或其他治疗游戏帮他释放情绪、提升自控能力，还是直接把他带到沙盘前？我们不难想象，如果直接摆上沙盘他们会怎样"欺负"沙具和沙子，在那样混乱的状况下如何工作呢？所以，这种情况的儿童还是先使用偶或治疗游戏帮助其提升自控力，然后再使用沙盘游戏比较好。因此，使用游戏对儿童咨询和与成人工作的历程不同，以下三点是儿童接受游戏治疗必须关注的环节，以下做简要说明。

一、关于会谈

1.与照护者会谈

儿童前来接受咨询都是由成年人陪伴而来。按照常理，带领儿童前来咨询的应该是父母，但是，由于当下中国大陆地区的高速发展，爸爸妈妈也许找不到时间陪孩子"治疗"，儿童便由日常照护者，比如祖父母、外祖父母，保姆或家庭教师陪同接受干预性咨询。所以，在这里我们使用了"照护者会谈"，而不是"父母会谈"。其实，我们极力倡导父母的全程参与！这对于孩子来说本身就是一种支持。

一般来说，陪同孩子来的照护者也都代表着父母的愿望和期待。他们都希望来一次，咨询师就能给出评估结论、干预方案和效果承诺。这种想法是不现实的，也不可能实现。每一个生命都是独一无二的，不同咨询师面对医生给出的诊断书，也许会很快给出咨询方案，但不同儿童气质的差异、出生方式的差异、家庭环境的差异、亲子沟通的差异、改变动机的差异等，都需要咨询师在咨询过程中对方案进行个性化调整，所以，在开始工作时咨询师必须与照护者说明以下几点：

（1）什么是游戏咨询模式。清楚这一点很重要，否则照护者看咨询师让孩子摆放沙具，或是带着孩子制作瓶偶，会认为没有"咨询"，而是在和孩子玩。这会引起误解，影响咨询关系的建立。因此，首次结案会谈，一定要向照护者讲清楚，使他们明白游戏是必需的——可以看见孩子的问题，了解孩子的信息，帮助孩子成长和促进正向改变。然后与儿童会谈，完成报告和咨询方案，再与照护者沟通，如无异议，请照护者完成签字。

（2）给照护者介绍游戏历程。家长很重视孩子每次来咨询师会做什么，为什么要这么做，所以，在会谈时就要把拟使用的游戏以及功能和目的简要报告给照护者，以免每次咨询结束，照护者都要问东问西。如果你不回答他们的提问，他们就会问儿童，让儿童，特别是不喜欢"报告"的儿童反感，影响咨询效果。因此，在这一环节咨询师可以向照护者提出要求，建议不要在每一次咨询结束后刻意问询孩子"治疗"游戏问题，会降低"游戏"带给孩子的意义。

（3）据实报告咨询目标。尽管游戏咨询技术对改善儿童人格，帮助其成长有独特的效果，但是也有不可及的或不可抵达目标的劣势。因此，要据实告诉照护者游戏比较容易实现什么目标，有哪些目标不太容易实现。

（4）责任分配。在和照护者讨论时，可以讨论游戏咨询模式中咨询师和儿童的角色。当然，在这个过程中家长要承担怎样的角色和任务，第一次会谈就必须和他们讨论清楚，该提的要求一定要提出，比如定期和他们讨论咨询的阶段性目标，而不是每次工作结束都要询问目标问题；又如在整个咨询过程中，家庭成员需要注意哪些问题、需要做什么配合来支持儿童成长等等，都要在首次会谈中讨论。

（5）自我介绍。游戏工作的对象大多是儿童，咨询师一般不会与其进行"场面建构"，所以，在与照护者会谈时要向其介绍自己的专业背景、紧急联络方式以及职业伦理原则等。

2.与儿童会谈

视儿童年龄介绍工作历程和目标，当然面对低幼儿童也没有必要介绍工作目标，但必须要对儿童介绍游戏室、要进行的游戏，更要使用儿童可以接受的语言模式交谈，尤其是第一次，比如："我是××姐姐（哥哥/老师），我很高兴你来我这里，因为你可以陪我一起玩……让我们开始吧！"

二、游戏评估

这一环节与儿童会谈相连接，主要是观察儿童的行为表现、态度和口语反应，以了解儿童的人格，评估儿童的问题以及引起问题的原因。虽然对儿童的问题评估会着重考虑医生的诊断报告，但在此环节，咨询师还是需要考虑以下几点：

（1）儿童与咨询师的互动是否与照护者的互动一致。如果儿童在与咨询师互动时比和照护者互动时出现较多适应性行为和态度，则表明可能有亲子关系问题，那么是否需要建议他们实施亲子游戏训练或家庭治疗。

（2）儿童现场的表现和照护者的描述不一致。有的成年人喜欢夸大儿童问题，把注意力全部放在问题上，而忽视了儿童内在自主成长的力量。如果照护者描述的与咨询师观察到的有着巨大的落差，就必须探讨亲子互动的潜在动力。

（3）注意儿童的活动量。虽然儿童的活动量在不同的咨询阶段会有所不同，但是首次评估，儿童的活动量决定着咨询第一阶段使用的游戏类型。如果儿童活动量较大，一边游戏一边说话，甚至离开游戏区域，或有攻击咨询师的行为，那么在咨询初期应该先使用一些帮助儿童释放情绪或帮助其提高自控力的游戏，此时使用沙盘游戏就不太合适。如果儿童活动量很小，沉默不语，甚至整个游戏过程都不说话，可能担心犯错，所以宁愿不做任何表达，也可能是压抑焦虑或抑郁的表现，这类儿童可以直接使用沙盘游戏工作。

三、游戏室整理问题

咨询师在结束一次咨询时首先要考虑游戏现场由谁来整理的问题。是让儿童整理，咨询师自己整理，还是让儿童和自己一起整理。世界上没有绝对优势的方法，也没有绝对劣势的方法，只是不同的整理方法有不同的适用范围，会产生不同的效果。

（1）儿童整理游戏室。让儿童独自整理游戏室，咨询师要在时间上考虑清楚，因为儿童整理可能会用时较长，特别是有注意缺陷的儿童。那么，在两个案例咨询之间就需要留多一点空隙，否则下一个咨询者来了，游戏室还没有准备好，造成"堵车"现象。当然这种方式对儿童的责任心培养很有益，缺点是儿童会感到"工作的孤独"，甚至"无助"。如果恰巧有这种问题的儿童，会对咨询关系不利，对儿童改善人格也不利。

（2）咨询师自己整理游戏室。如果咨询师决定不让儿童参与游戏结束后的现场整理，那么可以在游戏结束前5分钟告诉儿童："再有5分钟今天的游戏时间就要结束了，我们将离开游戏室。"当工作时间到了，咨询师可以直接说："好了，游戏时间到了（结束了）。"儿童被带离后，咨询师自己整理游戏室。这样便于咨询师熟悉工作材料的放置位置，可以按照个人的习惯摆放，需要时随手获得，但对儿童责任心和习惯的建立无益。

（3）儿童和咨询师一起整理游戏室。儿童和咨询师在游戏结束时一起整理现场，咨询师需要提前10分钟告诉儿童："再有5分钟，就到了我们整理游戏室的时间了。"当5分钟到时，咨询师可以站起来说："好了，我们该整理游戏室了。你希望我收拾哪个地方？你负责哪个部分？"请儿童负责分配整理工作，这样可以使其获得存在感，这个"权力"让其觉得自己可以"决定"工作的内容，提升其自信力。

儿童个案工作会出现很多"意外"，比如不配合工作时间、不愿意整理游戏室、不愿意离开游戏室等。

案例

S是一个刚进入小学一年级的6岁男生，因为不适应课堂教学活动，学校劝其办理休学，妈妈很紧张地带孩子来接受咨询。S坐不住，第一次谈话在20分钟内跑开9次，其中有7次攀爬窗子。咨询师马上对他进行了5分钟的冥想，然后把他带到桌子前制作瓶偶，他从制作瓶偶开始就没有再跑开，只是嘴巴不停地说话。整个制作过程咨询师并没有催促S，还有10分钟结束时，咨询师说："再有5分钟，就到了我们整理游戏室的时间了。"5分钟后咨询师说："时间到了，我们该收拾现场了。"S瞬间跑到窗子处，站在沙发上，手抓住窗栏杆往上爬。咨询师很和善地说："如果你不选择帮忙收拾，那好吧，下一次你就不能到这间游戏室来游戏了。"这时S停止了爬窗，愣在了那里。咨询师又说："你选择不帮助我，我心里很难过，也许是你不喜欢我，下一次你来我可能选择不和你一起游戏。"S瞬间跑了过来："我来了，下次我还来这儿玩可以吗？"

大部分儿童收到支持性的语言，都会按照咨询师的指令工作。如果真的遇到"刀枪不入"的儿童，咨询师可以请照护者协助。那么，在做出这个决定之前，咨询师一定要考虑好个人的立场，以免之后的咨询工作会更加困难。

第二节 沙盘游戏咨询技术

一、关于沙盘游戏

沙盘游戏咨询（以下简称"沙盘游戏"）作为心理咨询技术，经历了漫长的发展历程。其间多位重要的学者都为此做出了伟大的贡献。他们从个人的生活经历和工作经验出发，使沙盘游戏技术在理论基础、操作方法和适用范围等方面都获得了长足的发展，并成为一种成熟的、系统的有理论支撑的心理咨询技术。目前在中国有两个流派：沙盘游戏和箱庭游戏。

沙盘游戏源于卡尔夫，是以荣格分析心理学理论为理论基础，强调发挥原型和象征性的作用，实现心理分析和心理治疗的综合效果，进而促使人格发展。箱庭疗法由日本河合隼雄命名，1998年经北京师范大学张日昇教授介绍到中国，强调"人文关怀，明心见性；以心传心，无为而化"，以人本主义理论为理论基础。无论是沙盘游戏还是箱庭疗法，其实同源。

（一）威尔斯与地板游戏

英国作家赫伯特·乔治·威尔斯（H. G. Wells），在他1911年出版的《地板游戏》(*Floor Games*) 一书中记述了自己与两个儿子一起游戏的过程。那些游戏都是在地板上划定的区域内进行，各式玩具放在一旁的盒子中，孩子们在盒子中自由地选取玩具摆放在地板上划定的区域内。威尔斯全身心地投入孩子们的想象性游戏中，与孩子之间的关系温暖而又亲切。他发现，孩子们玩的游戏主要有两个主题：神奇岛游戏和城市建设游戏。他还观察到孩子们在地板游戏中获得了意想不到的愉悦，但当时他并没有意识到游戏对儿童心理的疗愈作用。直到多年后，英国的一位儿科医生洛温菲尔德认识到威尔斯所进行的地板游戏的活动意义，并且意识到它的应用前景，她在威尔斯地板游戏的基础上创造了"世界技术"。

（二）洛温菲尔德与世界技术

玛格丽特·洛温菲尔德（Margaret Lowenfeld）1890年出生于伦敦，她的父亲是波兰人，母亲是英国人。由于健康问题，她童年的大部分时间是在床上度过的，她后来回忆说那是一段孤独的时光。她的学业和人际关系能力也都没有姐姐优秀，加之童年大部分时间生活在波兰，身边的小伙伴都说波兰语，她不会，所以很难使别人明白自己的情感和思想。童年的这些经历成为洛温菲尔德儿童治疗思想的基础，也使她成为"发现童年意义"的伟大先驱。

1928年，洛温菲尔德在伦敦开设了一家儿童心理诊所，她想到了威尔斯的地板游戏，于是开始收集各式玩具，把它们放在"神奇的箱子"中，并在游戏室中增加了两个盘子，尺寸为28.5英寸×19.5英寸×2.75英寸（1英寸=2.54厘米），一个装沙，一个装水，游戏室中的儿童可以将沙、水和玩具联系起来。一种由儿童自发创造的新的游戏就发展起来了，并被称为"儿童世界"，后来儿童把自己创造的游戏叫作"世界"。

1929年夏天，洛温菲尔德认为，通过这样的游戏方式，儿童的情感和心理状态得以表达，而且这种游戏的方式还可以进行客观的记录和分析。于是，一种影响深远的心理治疗技术——世界技术（The World Technique）——从此诞生了。

"世界技术"的目标就是"让被创造出的'世界'面质它的创造者"。儿童在游戏里"表现"着他们的情绪和心理状态，"表达"着他们遇到的问题和应对问题的方法。

（三）卡尔夫与沙盘游戏

多拉·卡尔夫（Dora Kalff）1904年出生于瑞士，1949年在瑞士苏黎世荣格研究院开始了长达6年的学习。1954年，她又在荣格瑞士研究所学习，其间她参加了洛温菲尔德在苏黎世的一个讲座，她被洛温菲尔德的"世界技术"深深地吸引了，萌发了继续学习的想法。她把自己的想法告诉了老师荣格。荣格在1937年听过洛温菲尔德"世界技术"的讲座，他也觉得很不错，并认为这个"世界技术"可能会成为适合儿童心理分析的象征性方法，于是鼓励卡尔夫学习"世界技术"。

1956年，卡尔夫完成了荣格心理分析师所要求的全部学习任务，因为她没有传统大学的文凭，所以她不能获得荣格心理分析师的资格。虽然卡尔夫很失望，但她坚信，即使拿不到文凭，也不能阻止她从荣格分析心理学的角度开展儿童工作。多年后，由于卡尔夫的卓越贡献，她被破格授予荣格心理分析师资格，并成为国际分析心理学会（IAAP）成员。

几年后，卡尔夫开始整合她自己的理论思想，将自己多年来学习和实践的荣格心理分析训练和世界技术结合起来，发展出一种心理治疗方法，并将其命名为沙盘游戏（Sandplay）。

今天沙盘游戏已经成为国际上流行的心理咨询技术之一，也是业内公认的最适合儿童的心理学技术之一。在欧美及亚洲日韩等地区的学校，基本上都配有沙盘游戏室，在大学和社会上的心理诊所里，也常常能见到它的踪影。通过沙盘游戏，不仅可以让心理困惑的求助者找到回归心灵的途径，还能治愈身心失调、社会适应不良、人格发展障碍等严重的心理问题。

卡尔夫是荣格的学生，所以我们介绍的沙盘游戏是以荣格分析心理学理论为基础的，注重共情与感应，在沙盘中发挥原型和象征作用，从而实现心理分析与心理治疗的综合效果。具体来说，沙盘游戏是来访者在咨询师的陪伴下，从玩具架上自由挑选玩具，在盛有沙子的特制箱子里进行自我表现的一种心理辅导。沙盘中所表现的意象营造出游戏者心灵深处的意识和无意识之间的持续对话，由此激发游戏者的自我疗愈过程和人格发展。

二、沙盘游戏的相关理论

卡尔夫开启的沙盘游戏，不仅融合了洛温菲尔德世界技法的理念，而且是以荣格分析心理学理论为基础。所以，要真正走进沙盘游戏的世界，感受沙盘游戏的魅力，首先要理解荣格分析心理学，其次是卡尔夫的整合性思想。

（一）荣格分析心理学

荣格理论取向的沙盘游戏与其他使用沙盘进行治疗的方法的差别就在于超越功能（transcendent function），它是最深刻的心灵改变规则的原动力。荣格认为，人生来就有一个完整的人格，人生的目标就是在原有完整人格的基础上，最大限度地发展多样化、连贯性和和谐性，避免分散性和相互冲突。而具有原始统一性和先天整体性的人格就是心灵。

心灵包括一切意识和无意识的思想、情感和行为，主要由意识、个体无意识和集体无意识三个层面构成。如果我们将意识、个体无意识、集体无意识纵向排列的话，意识在最上层，是唯一个体能感知到的部分，以自我为中心，由各种感知觉、记忆、思维和情感组成，其作用类似于"保安"，它对进入心灵的各种材料进行筛选，使个体的人格结构保持同一性、连续性，同时它也在不断地充实、完善和塑造着新的自我。意识的下一层是个体无意识，由一些被压抑的或遗忘的个体经验组成，主要是情结；情结决定着个体人格的许多方面，当我们说某人有某种情结时，指的是他的心灵被某种"心理问题"强烈地占据了，而他本人却没有意识到。荣格认为心理治疗的目的就是帮助人们解开情结，把人从情结的束缚下解放出来。最下面一层是集体无意识，是文明发展过程中形成的积淀物，是先祖流传下来的经验和行为方式。集体无意识中充满了各种原型。

1.原型理论

集体无意识的发现使荣格成为20世纪最卓越的心理学家之一。他认为集体无意识的内容称为"原型"。简单说就是对外界某种刺激做出特定反应的先天遗传倾向，可以是人、情景，或是某些抽象的概念。原型会以梦、症状、艺术形象和宗教仪式等象征的方式表现出来，并在各个时期、各种文化中重复出现，显现在人们的梦境、幻想，神话传说、童话故事，风俗习惯及宗教信仰中。荣格描述过多种多样的原型，比如出生原型、再生原型、死亡原型、智慧原型、英雄原型、母亲原型以及许多自然物如树林原型、太阳原型、月亮原型以及动物原型，还有许多人造物如圆圈原型、武器原型等。可见，荣格对原型的阐释是多视角的，从生理学角度，他认为原型是本能的表现，是可以遗传的；从哲学层面来说，他认为原型是先验的形式；从人类学意义上来说，原型是承载着人类的声音与组群的文化。荣格的原型理论不仅影响着心理学，也影响着哲学、文化学、美学等多个领域。朱立元主编的《现代西方美学史》这样评说："在荣格看来，原型是一切心理反应的普遍一致的先验形式，这种先验形式是同一种经验的无数过程的凝缩和结晶，是通过大脑遗传下来的先天的心理模式。"

原型是情结的核心。作为核心，它就像一块磁铁，把与它相关的经验吸引到一起，形成情结。情结从附着的经验中获取充足的力量，可以进入意识之中。所以，在荣格原型理论中，"原型"作为一个中介，不仅仅是手段，更是目的。

荣格认为有多少种典型情境就有多少种原型存在，可以说原型覆盖了我们生活的各个方面，荣格的后半生也一直在探索、研究众多原型的存在。其中最主要的，与我们每个人的生活最为紧密联系的有4个。

（1）人格面具。人格面具是指个体为了以某一特定角色面对外部世界而戴上的面具。人并非独自存在于世界之中，我们每个人都在尽最大努力扮演着不同的角色，生活中与他人建立联系，在交往中打造人设以便取得他人好感从而交往更加顺利，最重要的是能更加容易地从中获得自己所需的利益。这就是人格面具，荣格认为人格面具是一种为了适应环境或个人利益而存在的功能性情结。人格面具是人们必要的心理要素，而非内心病态。从根本上讲，人格面具包含为了自我保护和自我满足而发展出来的一系列技能和防御。

我们可以看到，在现实中，有些人在社交场合往往容易表现得拘束、焦虑等，那是因为他们的人格面具并没有获得很好的释放与发展。在当前的社会中，社交似乎成了一件必需的事，人们也热衷于发展自己的人格面具。不过荣格曾批判过当时欧洲社会人们"人格面具的膨胀"的问题，他指出，人格面具只是"虚假个性，力图使得他人与自己相信自己是有个性的，而事实上正相反，他仅仅是在扮演着一个通过大众心理得以发言的角色"。人格面具并非真正的自我，如果一个人过分地沉浸于自己所扮演的角色，自我认同于人格面具而以人格面具自居，那么人格中的其他方面就会受到压制，从而引发精神上的紧张状态，心灵的成长与发展就会要求受限的自我冒险进行心灵内部的对抗。在放弃混乱的人格面具的过程中，我们需要找到自己的路，而这通常需要我们运用在最初的环境中形成的不安全的应对方式。

在传统心理分析中，消解被曲解的人格面具通常是通向自性化的第一步。在沙盘游戏中，虚假的人格面具可能会在来访者沙游历程的早期作为更具意识水平的意象出现，或者当来访者更直接地进入无意识水平进行工作时，虚假的人格面具可能会被忽略掉。

（2）阴影。荣格把阴影定义为"负面的人格"，也就是所有我们痛恨并想隐藏起来的令人厌恶的特质。阴影也是我们未充分发展的功能和个体无意识的内容。

阴影是人类的阴暗面，就像我们向光而行时投下的影子，一度是懒惰、贪婪、欲望、骄傲等一切不合道德伦理和社会规范的代名词，包含着所有动物性的原始本能，是藏在人格面具下的真实面容。在荣格诸多原型中，阴影是最具力量的一个。阴影在没有被识别的时候，对个体的危害是非常大的，人们会将他们不想要的品质投射到其他的对象上，或者是在没有意识到的情况下被他们控制，邪恶、恶魔的形象，以及原罪都是阴影的原型，人们对阴影内容觉察得越多，受他们的影响就越小。就像今天我们需要批评与自我批评一样，"批评"可以帮助我们认识"阴影"。当然，阴影也是构成人类本性必不可少的一部分，永远不可能完全被消除。那些声称要成为没有阴影的人，并不是一个完整的人，或是不能用哲学思维理解人性，他们否认了善与恶都是我们每个人身上必然具有的东西，只是开发的程度不同。

荣格认为，阴影是个性的有机部分，因此它希望以某种形式与个性聚合一体。它的存在是不会因为人们对它有所争辩就能够加以排除的，它的危害也不会因为把它理性化就可以消减掉。所以，我们有必要直面自己内心的阴影，而且要努力将它与我们的人格相协调，也只能让阴影与人格面具和谐相处，否则阴影的长期压制就会造成我们精神状态的紧张。

正如人格面具搭建了我们与外界沟通的桥梁，阴影成为连接我们与集体无意识的桥梁。随着阴影越来越多地被整合进意识，我们的无意识逐渐减弱，从而可以更容易触及深层的集体无意识内容。

在传统的心理分析中，当人格面具失效时，阴影是首先需要处理的心理内容之一。有大量的自卑情绪、挫败感和弱点等，需要个体学会处理并接纳。这个过程不像在沙盘游戏中那么有序。沙盘游戏所具有的疗愈与转化的力量，一部分就体现在阴影会在沙盘中经常并很直观地出现，在卡尔夫定义的"自由和受保护的空间"里会得到促进。

（3）阿尼玛与阿尼姆斯。阿尼玛是男性精神中的女性特征，阿尼姆斯是女性精神中的男性特征。荣格认为，每个人天性中都具有异性的某些特质，千百年来男女之间共同生活、相互交往，两者都逐渐获得了异性的特征，这种异性特征保证了两性之间的协调和理解。例如一见钟情，这就是阿尼玛（阿尼姆斯）在现实中特定场景中的投射。也有人说爱情是盲目的，说不出为什么喜欢，但就是喜欢，说不出为什么不喜欢，但就是不喜欢，这种对异性的偏向性正是潜在的阿尼玛与阿尼姆斯通过对异性的偏爱来使自己得以外化。

此外，生活中有的男性有女性化倾向，有的女性却有男性特质，其实也与阿尼玛或阿尼姆斯的外在投射有关。每个人身上都同时存在着男性与女性的因素，只是展现强弱不同。

从个体人格的内部平衡来说，应该允许人格中的异性特质在个人的意识和行为中得到展现。如果男人仅仅展现他的男性气质，那他的无意识中就会存在着一种软弱、敏感的性质；同样，那些过多表现出其女性气质的女人，在无意识深处可能十分顽强和任性。

（4）自性。在第三章我们已经讨论了荣格的自性理论，本章还要从不同角度再来讨论，因为曼陀罗和沙盘游戏的理论基础都是荣格的分析心理学，只是侧重的角度略有不同，所以，再对自性进行讨论是有必要的。从第三章中我们知道，自性是集体无意识中最重要的原型，把原型中各个部分吸引到一起互相稳定的存在。荣格认为，一切人格的最终目标，就是自我现实化（self-actualization）。

由此可见，自性是人格和整体心灵的中心，起到整合意识与无意识功能以及所有内部对立因素的作用（见图222）。

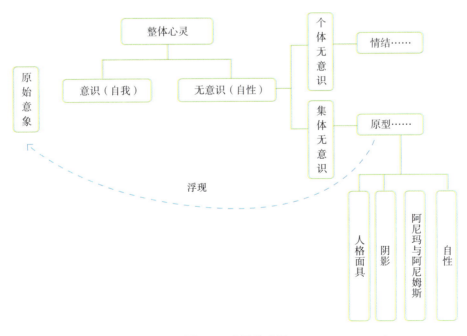

图222　心灵构成图

当达到自性化的境界时，人格中各个部分都将处于相互统一、相互和谐的状态——人格面具的解除，承认面具并不能代表真实人格；认识、理解并接受自己人格中的阴影部分；阿尼玛与阿尼姆斯都得到了同等程度的认可与展现。荣格说："自我是我们生命的目标，它是那种我们称之为个性的命中注定的组合的最完整的表现。"在荣格学说中，有两个"自我"，分别是意识层面的自我和原型自我，也就是"自性"。荣格把自我描述成意识的中心，把自性看作整个心灵的中心。

自性一方面是作为最初人格发展这一过程中的动力来源，另一方面也是作为最终人格发展的目标。荣格曾以太阳的出没比喻人生，认为人格是从无意识夜晚的海上生起，达到意识到自己目的之所在的天顶，再又进入无意识黑夜的过程中，逐步形成、发展直至泯灭。当然，荣格也曾提醒人们，不要过多地强调自性的完满实现，重要的是对于自性的实现。

2. 自性化理论

荣格认为人的一生，就是自性化的过程，可能很多人在有生之年都无法完成。

自性化是一个过程，而不是一个状态。它既有集体的和普遍的性质，又是高度个人性的。说它是集体的，是因为它吸收了集体无意识的原型内容，并整合了人类共同具有的功能；说它是普遍的，是由于在某种程度上，自性化可能是针对所有人的。但是，由于人存在着差异，对每个人来说又独具特色，因此又有着个性化。

自性化的一个显著特点在于它是一个力量积蓄、分化的过程；同时，它又是一个把精神中的各种非自我部分同化或整合到意识中去的过程。这些非自我的部分有阴影、人格面具、非主导态度和功能以及阿尼玛或阿尼姆斯。这个过程的展开顺序是因人而异的，也和这些组成部分的发展程度有关，各种成分之间会相互交叉。但是，自性化并不是一个单纯的内部发展过程，它以一个不断改善人际关系的能力为标志，通过人在不断调整人际关系的过程，逐渐找到适合自己的自性化之路。可见，自性化又是一个对立面相互协调的过程。显然，自性化需要有一个强大的自我意识，否则便会遭受到与原型内容影响有关的种种危险，比如精神病和神经症患者的表现就是对这一危险的反抗。相反，当自性足够强大，不但不会受到这些影响，而且会把无意识内容同化到自我当中，并使自我更强大。

案例

小K，女，18岁，2022年9月开始大学生活。刚入学，她便寻求心理健康中心老师的帮助。让她痛苦的是自初一开始她就有自残倾向，现在自我伤害越来越严重。她还有一个姐姐，她出生时是不符合当时的生育政策的，因此她出生后便被送到舅舅家。对外她是舅舅的女儿，舅舅是她的"爸爸"，舅妈是她的"妈妈"，但爸爸妈妈也经常去看她，她也知道真实的关系。舅舅、舅妈和姥姥生活在一起，她很不喜欢舅妈。后来入小学了，她回到了自己家里开始和爸爸妈妈、姐姐生活在一起。

她平常喜欢一个人待着，有一年暑假时，爸爸让她去看望奶奶，她不去。爸爸批评了她，她很生气，于是开始掐自己、拧自己。也是从那时起，只要爸爸妈妈让她做她不愿意做的事，她就会自我伤害，初一时就开始用刀划自己的手臂。

在被咨询师问到怎么看待妈妈将她送到舅舅家生活时，她回应道："我很理解我妈，我和她没什么矛盾，我一点都不记恨她，当时政策如此，我妈也没有办法。"

小K的故事让我们看到了人格面具、内心的冲突与分裂和安全动力不足，归根结底，一切皆因她的自性不够强大。

自性化过程很可能以心理痛苦为开端，这些痛苦足以唤醒一个人要求改变现状的欲望。也有自性化过程充满了欢乐者，这是因为其以积极的方式与自性接触。如若一个人超越了意识自我的现实，那么由此引起的内在体验会令人愉悦，不过这种愉悦也有潜在的危险，可能会产生一种妄自尊大的状态。

自性化涉及另一个心灵过程，荣格称之为分化（differentiation）。在荣格早期的著作中，他指出四种心理功能（思维、情感、感觉和直觉）在成长和发展的过程中必然彼此分离，各自为政。荣格认为可以区分思维、情感、感觉和直觉的能力会让人明确目标和行动路线。当两个或更多的功能交织在一起时，个体便无法沿着有意义的方向前进，因为他无法区分什么与目标有关，什么与目标无关。在荣格后期的著作中，他强调，意识和无意识内容的分化对于自性化的过程具有更重要的意义。

自性化和分化的特征可以被看作是个体不断与他人及集体文化建立起有意义的关系的能力。这在沙盘游戏中表现得非常明显，我们经常会看到，在一系列沙盘里，彼此之间有意义连接的沙具和元素出现得越来越多。

总之，荣格认为自性化是一个神圣的发展过程，是每个人毕生所追求的。因此，人的一生就是在意识的指导下，使意识的心灵和无意识的内容融洽的过程，这个心理发展过程就是"自性化"或"自性实现"的过程。

3. 心理动力学理论

（1）心理能量。众所周知，弗洛伊德用力比多表达心理活动的"力量"，而这种力量以性为基础。荣格认为力比多是一种普遍的生命力量，于是他使用心理能量来代替弗洛伊德提出的力比多，把心理能量看作人类全部心理活动的推动力。他认为，能量可以成为现象世界中各种变化的基础，心理能量不是客观地存在于现象本身的一个概念，而是完全存在于特定的经验基础之上。换句话说，能量在有意识的现实生活中表现为运动或力量，而在无意识中则表现为一种状态。荣格坚信，每一情结都带有一定的能量，而情结作为相互联系的无意识内容的群集，属于阴影的一部分，通常以梦和症状的形式表现出来。要对这些症状进行治疗，就必须从情结中释放心理能量，使其进入解决问题的活动中。所以，心理能量的一个重要原则就是心理能量不能压抑，只能转化。

案例

大鹏从小一直由妈妈照护，在妈妈眼里他是一个什么也不懂的超级单纯的小男生，没有生活经验，更没有与人相处的经验，所以凡事妈妈都要为大鹏做决定。久而久之，大鹏无意识中就具有一种"妈妈即权威"的情结。但是当大鹏渐渐长大，特别是当他进入反抗期后，他要求独立自主的愿望就越来越强，不再愿意听妈妈对自己的管教，表现出激烈的反抗举动。于是妈妈在大鹏面前的权威地位逐渐丧失，进而失去了管教儿子的自信，开始苦恼……

后来，大鹏妈妈在咨询师的帮助下，认识到她对孩子的"压抑"

给孩子带来的情结只能引起母子冲突，并不会让母子有更好的连接，并使她看见每一个生命的内在力量和自主成长的力量。大鹏妈妈最终重新定位自己和儿子的关系，将"权威"的能量转化为了"尊重与沟通"。

这就是一个心理能量实现转化，亲子冲突得到解决的案例。

（2）补偿。荣格将人看成是有自主性的，其精神世界总是自我调节的。自我调节是一种平衡机制，其存在使得心理处于平衡—不平衡—再平衡的发展过程中。在荣格看来，心理补偿是朝向整体性的一种内驱力装置。利用集体无意识的内容，那些和意识内容相联系的心象、情感、态度及行为，其目的是尽可能地达到人格的完整。补偿是自我调节发挥作用的心理机制。也就是说，补偿就意味着通过无意识活动，对不同的数据或观点进行平衡和比较，以便产生某种调整或修正。

弗洛伊德认为补偿心理源自个体挫折后的心理防御机制。补偿是指个人因心身某个方面有缺陷不能达到某种目标时，有意识地采取其他能够获取成功的活动来代偿某种能力缺陷而弥补因失败造成的自卑感。其实补偿是一种动态的心理过程，它涉及自我和集体无意识之间的关系。当心灵过度强调意识时，为了保持心灵的平衡就会产生补偿过程。通过补偿过程，集体无意识会对意识中的自我做出反应，不断地评估自我目前的状态。

前面我们讨论过自我具有实现自性的内驱力，并且自我并不愿承认，在心灵的世界中它只是随从、仆人而不是心灵之王。尽管有时自我与自性是和谐一致的，但大多数情况下并非如此。当意识中的自我与自性的要求不同步时，无意识中就会形成一种反作用力。补偿的过程就是为自我提供与其误认的心理特质相对立的心理特质或心灵产物。而这会引发自我在两种互相对立的心理内容之间摇摆不定，而相互对立的内容会在意识中轮流出现。这一过程就是对立补偿。荣格曾说，我使用"对立补偿"这一术语来形容随着时间的推移无意识对立内容的浮现。当极度片面的倾向主宰了意识时，就会产生这一典型现象，与其势均力敌的对立倾向会及时产生，先抑制住意识目前的状态，随后突破意识的控制。

对立补偿过程并不在意识控制之下，而是自动产生的。当自我在相互对立的两极之间交替摇摆时，一方在意识层面，另一方则在无意识当中。在这个过程中，对立的两极不时地交换着彼此在心灵中所处的位置，直到通过自我的力量可以同时意识到两极内容的存在，这一过程才会停止。而此时，心理能量可以深入无意识中去发掘可能解决这一心理冲突的内容。这就导致象征的产生。

（3）象征的形成。对象征和象征性的心理分析是弗洛伊德早期的贡献之一。但荣格和弗洛伊德对象征的解释不同。他认为，人与象征共存。一种东西，如果我们不能或不能完全按常规对它做出合乎理智的解释，同时又仍然确信或直觉地领悟到它具有某种重要的，甚至神秘的（未知的）意义，它就被视为一种象征。荣格强调，象征是无意识原型的一种表现方式，透过象征，我们可以感受那原始与原本的意象。在现实生活中，我们看见的一个符号，一个物品，我们使用的某种颜色，其实都是在表达某种深层的含义或意象，象征无处不在，它是人类表现和传达内心活动与精神世界的媒介。

换句话说，象征就是被激活的原型的意象，既源于个体独特的个人经历，也源于个体对所属文化的理解认同。

象征可以以各种形式进入自我的意识范围。它们可能出现在梦中或幻想中，也可能是突然的灵感或内心的直觉。身体或躯体的症状也同样可能在传递着象征的信息。无法名状的心情的改变也可能是象征的一种形式。当然，象征也会出现在沙盘游戏中。

案例

小雅，7岁，小学二年级女生，因为父母离异都要再婚都不接受带她同住，她跟着爷爷生活，1年半未见到生母，整日不说话被带来接受咨询。在小雅的沙盘中，她把一只老虎放在了沙盘左上角的笼子里（象征：母老虎——母亲），在沙盘右下角放了一个天使（笼子中的"母老虎"变成了天使）。天使的出现，补偿性地平衡了已经被安全地放入笼子中的母亲意象。在第6次的沙盘里，小雅的心灵获得了安全感与滋养，她温柔地把两只老虎宝宝和两只鹈鹕放在了笼中保护起来。通过这一象征性过程，她发现了新的原型母亲的呵护。

沙盘游戏正是通过沙具及其象征性的意义和所呈现的"画面"作为咨询师分析的依据，因此，心理分析的象征性分析在沙盘游戏工作中有着极为重要的作用。

（4）超越功能。超越功能是指人类心灵转化的最深层规则，是在心理困境中跨越或超越彼此对立的意识与无意识之间分歧的能力。超越功能是荣格理论中最重要的概念之一，也是沙盘游戏疗法的标志性特征。

超越功能是指新的心灵能量通过象征涌现出来的动态化过程。正如我们之前所讨论的，自我对自性的偏离，导致无意识中补偿性产物的出现。在对立补偿过程中，自我在彼此对立的两极之间游移不定。当我们被迫在意识中同时发现偏差的彼此对立的观点或心理内容时，"超越功能"便开始发挥作用。这会导致一种不可思议的状态：自我需要同时认同两种彼此对立的内容。此时自我在两极之间的摇摆不定暂停下来，心灵能量集聚，继而深入无意识激活象征，而激活的象征将解决对立的心理冲突。

超越功能是需要意识参与的不断反复的过程，同时它又是我们无法操控的无意识心灵的作用。

（二）卡尔夫的整合性思想

在卡尔夫对于沙盘游戏的经典表述中，无论是1962年《作为治愈因素的原型》的报告论文，还是她唯一的专著《沙盘游戏》（该书多次被翻译出版，2003年出版时更名为《沙盘游戏：治愈心灵的途径》），都是用荣格的"自性"开始的。因而，对于自性的理解，以及自性在沙盘游戏咨询过程中的意义和作用，成为卡尔夫沙盘游戏体系的重要内容。

1. 自性及其发展的意义

荣格用数十年的亲身经历研究并提出了自性理论。他认为自性包含着意识与无意识的整体性，实现自性化是人一生追求的目标。荣格自性理论的提出对世界产生了巨大的影响。但是，荣格并没有看到人的心理发展过程不是单一的决定性因素，也受到社会的客观条件的制约。卡尔夫师从荣格，也是荣格理论的忠实追随者，对分析心理学，尤其是儿童精神分析情有独钟，正因如此，她才将后半生献给了沙盘游戏。卡尔夫认为，儿童自性化有三个阶段：母亲—儿童合一阶段、母亲—儿童分离阶段和儿童自性的稳定阶段。她的这一观点明显受到客体理论和精神分析学家玛勒（Margaret Mahler）分离个体化理论的影响。

母亲—儿童合一阶段即孩子在出生的时候受到母亲自性的保护，新生儿的所有需求，都是由母亲来提供的。卡尔夫称其为母亲—儿童合一阶段，因为在该阶段中，通过母性本能的爱，儿童体验着一种无条件的保护，几乎无法区分自己和母亲的边界。

母亲—儿童分离阶段是儿童出生一年之后，儿童的自性即儿童整体性的核心，开始从母亲那里分离。从母亲的关心和温暖中获得的安全感转变为一种信任，并开始探索自己的独立性。

儿童自性的稳定阶段建立在安全感的基础上，一般出现在儿童3岁左右。在这一阶段，自性的核心在儿童的无意识中获得了稳定的位置，开始用完整性的象征来表现自己。

2. 自由与保护的作用

自由与保护为来访者重新体验到自性的存在并感受到其自性存在的意义提供了一个途径。因此，在沙盘游戏咨询工作中，自由和受保护的空间尤其重要，这也是卡尔夫赋予沙盘游戏咨询的重要意义和作用，是所有工作条件中最基本的条件。自由与保护，安全与安全感，是人成长和发展所需要的和谐与平衡。而沙盘，则创造了这样一个自由与安全的环境，使人的心理问题或者创伤经验，不再被隐藏和压抑，而是通过在沙盘操作沙具呈现出的场景，获得表现和转化。

3. 自性化与整合性

卡尔夫认为，在自由与保护的沙盘游戏过程中，来访者会重新获得体现自性的机会，获得一种心理的整合性发展。这与荣格所强调的心理分析的目的——自性化过程及其发展是一致的。实践证明，沙盘游戏的整合性作用，主要表现在意识与无意识的整合、身体与精神的整合、内在与外在的整合和自我与自性的整合，最终获得一种心理的整合性发展。卡尔夫认为我们可以把荣格提出的自性化的过程，理解为去认识人类整合性的过程，在整合性中包含着一种超越相互对立的态度，以及整合对立双方的努力。在卡尔夫看来，整合性本来是人类所具有的一种内在心理特性，3岁左右的儿童，本来都会自发地表现出这内在整合性的倾向，通过他们的语言、绘画和游戏等等，发展出与社会的互动能力。

4. 卡尔夫与中国文化

卡尔夫的儿子马丁·卡尔夫也是一位沙盘游戏分析师，他曾说其母亲卡尔夫从小受到良好的教育，有梵文和中文的学习经验，很早就对东方哲学，特别是对道家哲学有浓厚的兴趣。

所以，卡尔夫在《沙盘游戏》一书中，把中国宋代新儒学的奠基者周敦颐的太极图也作为理解沙盘游戏运作的重要理论基础。我们知道，太极图由两个互相包容、相互作用的阴阳鱼形成，象征着宇宙的变化和平衡。虽然沙盘游戏和太极图的具体形式和应用有所不同，但都可以为个体提供一种思考和探索的方式。卡尔夫说："在我研究中国思想的时候，遇到了（周敦颐的）太极图。在我看来，这与我关于沙盘游戏治疗的思想是相互应和的……"他表示：第一个象征无极的圆圈，好比出生时的自我；其次是阴阳运作而产生五行的圆圈，这正蕴含了自我的表现过程，包含了形成意识自我与人格发展的心理能量；太极图的第三个圆圈，可以比作自性化过程的开始；而太极图的第四个圆圈，正反映了心理分析中的转化。一种生命的周而复始的象征。

太极八卦和阴阳五行，一直是卡尔夫所追求的沙盘游戏的本质内涵，以及其作为治疗技术的内在核心结构。自我的产生、意识自我与人格的发展、自性化的出现与进程以及转化和自性化的实现，正是荣格分析心理学以及沙盘游戏治疗中的关键。卡尔夫认为太极图的这些意象在告诉我们，在悠久的文化传统中，我们可以从个体的发展模式中，看到我们生命的物质与心理律动。因而我们对于儿童和成人的所有心理治疗，都应该很好地参考这一观点。

东方哲学给卡尔夫的沙盘游戏带来了全新的灵感，她与日本禅师铃木大拙也有交往。虽然她没有正式学习禅修，但与一些禅师的对话，让她得以证实，沙盘游戏中隐含了禅的核心精神，它们都强调，创造一个能够唤醒并支持个案自我疗愈力量的空间。而这个空间，应该就是后来卡尔夫所强调的"自由而受保护的空间"。

沙盘游戏咨询技术在某种意义上就是一种积极想象技术的应用。在一个安全、安静的环境中，通过沙盘游戏的操作，来访者与"心灵"对话，使无意识原型意识化，在沙盘中建立一个与自己当下状态相对应的世界。这样，在来访者的第一个沙盘作品中（初始沙盘），意识与无意识的对峙、交流就开始了，之后通过一系列的自由、受保护的游戏过程，无意识的能量逐渐释放，意识与无意识的对立逐渐转化，最终达到和谐一致，人格整合，也就是荣格所说的治疗的最终目标——达到自性化：个体的独特化和独立化。

第三节　沙盘游戏咨询的条件与实施

　　沙盘游戏作为表达性心理咨询的技术之一，它在咨询过程中必定有媒材的介入，因此与传统的语言咨询有着不同的工作条件。

（一）媒材

1. 沙盘

　　沙盘的盘一般为长方体，尺寸规格是72厘米×57厘米×7厘米（内侧），底部和边框四周内侧漆为蓝色，给游戏者造成挖沙能挖出水来的感觉（蓝色象征海洋，水流）；外侧涂成木色或者深色。长方形底部的不平衡性给人以紧张、骚动的感觉，使人产生移动和进入的愿望，个体需要调整自己的位置才能找到中心。相比正方形和圆形，长方形更能描绘出心理的对立和冲突，可以容许一个缓慢而自然的整合过程。而个体的想象只有被限制在确定的形势下，才富有成效。

　　来访者在沙盘中创造的作品，"盘"的上下左右中间、沙盘四角等位置都是具有象征性意义的（见图223）。

　　左意味着过去、母亲、无意识、内部世界、内向、童年生活等。

　　右意味着未来、父亲、意识、向往和追求、外向、外部世界。

　　上方指"超我"，意味着精神世界和意识领域，代表着超感觉、家庭背景、社会关系、信念、神性等。

　　中间指"自我"，意味着现在及自我实现感，代表评估、知觉、解释、现实状态、不敢面对的现实问题等。

　　下方指"本我"，意味着物质世界和无意识领域，代表着人的欲望、本能、肉体、创伤、童年的经验、情感等。土地和海洋等区域多在下部分出现。

　　左上，是接受，包括信念、憧憬、欲望、早年亲子关系等。

左下，是可能性、起源，代表从内在世界向外在世界、从过去向未来新的可能性开发的过程。

右上，代表人生追求方向，希望和逃避；代表着社会化，体现在学校与人的关系、与父亲的关系、社会上方方面面的关系等。象征着人生的目标、希望的归宿等。

右下，代表洞穴、堕落、物质世界领域。

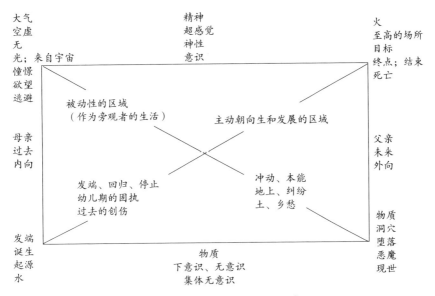

大气
空虚
无
光；来自宇宙
憧憬
欲望
逃避

母亲
过去
内向

发端
诞生
起源
水

精神
超感觉
神性
意识

被动性的区域
（作为旁观者的生活）

主动朝向生和发展的区域

发端、回归、停止
幼儿期的固执
过去的创伤

冲动、本能
地上、纠纷
土、乡愁

物质
下意识、无意识
集体无意识

火
至高的场所
目标
终点；结束
死亡

父亲
未来
外向

物质
洞穴
堕落
恶魔
现世

图223　张日昇《空间象征》

这些表达并不是一一对应的，咨询过程还是要结合来访者的沙画或沙盘作品，也就是说来访者表述的故事是最重要的。

2. 沙

一般来说，沙游咨询室都会有两个沙盘：一个装干沙，一个装湿沙。沙子多为茶色的粗沙、细沙和白沙，也有使用茶色和白色两种，为的是让颜色丰富多彩一些，例如白色的沙子可以表示雪、霜之类的东西。湿沙子用来做沙丘和山等造型。

3. 玩沙子的工具

沙游咨询室有必要准备几件雕刻、挖掘和运送沙子所需的工具，包括铲子、勺子、耙子、小板子、塑料雕刻刀和大眼筛子等，既可以为不愿意用手直接触碰沙子的来访者提供帮助，也给咨询师在拆除来访者作品的过程中提供便利。

4. 沙具

沙具模型种类很多，不同流派或不同沙游咨询师有不同的分法。此处我们按照题材分为人物、宗教、军事、交通等16个大类64个小类。

（1）人物类。

①文化人物：不同时代、种族、民族、文化背景及文学作品中的人物。如李白、诸葛亮、曹操；白人、黑人；日本人、印度人；《西游记》里的师徒四人，《三国演义》里的刘备、关羽、张飞等。

②普通人物：不同年龄、性别、姿态的人；手脚、头部可以活动的人；有着装、无着装的人，如婴儿、儿童、小学生、中学生、大学生、新婚夫妇、中年人、老年人等。

③职业人物：来自都市和乡村的各种职业人物，如教师、学生、演员、军人、医生、护士、警官、消防员等。

④行为人物：不同时代、民族、国家等的处于某种情境活动中的人物，如恋爱、结婚、旅行、骑马、驾车、坟墓、市场、占卜、洗礼等。

⑤战争人物：不同时代、民族、国家等的将军、士兵、骑兵等。

⑥想象中的人物：童话故事和卡通故事中的人物；超级英雄和恶棍等。

（2）宗教类。

①不同宗教信仰的人物：修女、和尚、主教等。

②各宗教的象征物：基督教的十字架、佛教的佛珠等。

③各国崇拜的宗教人物：观音、耶稣、圣母、天使等。

（3）死亡与阴影类。

①死亡象征物：棺材、尸体、骸骨、墓碑、坟墓等。

②恐怖形象：如骷髅、恶魔、杀手、妖怪等。

（4）文体类。

①各种体育器材、设施：篮球、足球、乒乓球等。

②各种乐器：钢琴、小提琴、吉他等。

③各种文体表演的情境：踢足球、打篮球、拉小提琴、武术表演等。

（5）食物类。

①水果：苹果、香蕉、樱桃、桃子、西瓜、梨子等。

②蔬菜：茄子、西红柿、洋葱、豆角、黄瓜等。

③食品：水饺、汉堡包、比萨、日本寿司、饼干、鸡翅、肉、蛋等。

（6）家居类。

①家具：床、桌子、椅子、沙发、茶几、橱柜、梳妆台等。

②家电：电视机、冰箱、洗衣机、微波炉、录音机等。

③卫生间设施：洗脸台、淋浴房、澡盆、马桶等。

④日用器皿：锅、碗、瓢、盆、杯子、茶壶、茶杯、酒壶等。

⑤厨房设施：灶台、煤气罐等。

⑥服饰：各种颜色和样式的衣服、鞋子、首饰品等。

⑦照明物和反射性物体：小油灯、电灯、手电筒、镜子、金属片、玻璃球等。

⑧成瘾和医疗物件：空酒瓶、空烟盒、空药罐、注射器、纱布等。

⑨通信设备：电话、手机、电脑等。

⑩多用途材料：各种颜色的纸片、黏土、细绳、铁丝、剪刀、胶水等。

（7）交通类。

①陆路交通：普通交通工具如小轿车、吉普车、自行车、摩托车、计程车、客车、火车、马车等；运输车辆如卡车、集装箱车、施工用车、燃料车、起重车等；紧急交通工具如救护车、消防车、警车等。

②飞行器：客机、运输机等。

③水上交通：包括民用和军用的船只、独木舟、渔船、竹筏、帆船等。

④交通设施与标识：路标、照明设施、交通标识等。

（8）军事类。

①军人：来自不同国度、不同军种，处于各种情境中的军人形象。

②军用装备：坦克、军用车辆、直升机、战斗机、舰艇、枪械等。

（9）建筑类。

①民用建筑：公寓楼、庭院、茅草屋、别墅等。

②公共建筑：写字楼、商厦、图书馆、医院、酒店、体育馆、教堂、学校等。

③公用设施：公共汽车停靠站、加油站；各种亭、塔、桥梁等。

（10）动物类。

①四足动物：凶猛的动物，狮子、老虎、豹子、黑熊、北极熊、犀牛、狼、野猪、大象等；温顺的动物，鹿、长颈鹿、猩猩、猴子、兔子、松鼠、

河马、骆驼、羚羊、食蚁兽等；家畜，马、牛、羊、猪、鸡、鸭、狗等。

②鸟类：富有象征意义的鸟类，孔雀、猫头鹰、天鹅、鸳鸯、鸽子、鹦鹉等；家禽，鸡、鸭、鹅等；其他鸟类。

③昆虫类：蜜蜂、蝴蝶、蚂蚁、毛毛虫、苍蝇、蜘蛛等。

④水中的动物：鲸鱼、鲨鱼、海豚、章鱼、虾、螃蟹等。

⑤爬行和两栖动物：蛇、鳄鱼、青蛙、蜥蜴、乌龟等。

⑥神话、幻想中的动物：龙、麒麟、凤凰、独角兽等。

⑦十二生肖动物：中国文化特有的具有特殊意义的12种动物。

⑧史前动物：恐龙、猛犸、始祖鸟等。

⑨拟化动物：人性化动物如弹琴的猫、踢足球的狗等或者卡通剧中的动物、迪士尼动画片中的动物等。

（上述动物还要包括雄性、雌性；幼雏和不同姿势的动物以及动物的各部位和破损的动物，捕捉动物的网。）

（11）植物类。

①树木：枝繁叶茂的树、枯树，椰树等有地方特色的树种。此外，还应该包括带有特殊意义的树，如菩提树、圣诞树等。

②花卉：各种各样的花、花瓣，盆栽的花、插花等。

③草：草皮，各种颜色、形状的草。

（12）自然物类。

①天空中的自然物：日、月、星等。

②大地上的自然物：各种石子、山峦等。

③来自海洋、江河、湖泊中的自然物：各种贝壳、珊瑚等。

④其他：火山等。

（13）名胜古迹类。

①中国的名胜古迹：长城、天坛、颐和园等。

②世界各国的名胜：埃及的金字塔、美国的自由女神像、印度的泰姬陵等。

（14）颜色形状类。

①颜色类：红、橙、黄、绿、蓝、白、黑等。

②形状类：三角形、菱形、圆形、球体、柱体等。

（15）符号及钱币类。

①数字类：3、4、6、8、9、13等。

②字母类：A、B、C、D、E、F、G、H等。

③符号类：+、−、*、/、=等。

④钱币类：各种钱币。

（16）原型沙具。

①人物：国王、王后、王子、公主。

②宝物：玻璃球、珠子、金色手链、财宝箱。

③各种原型意象：太极图，骇人的以及丑陋的物体。

进行一场沙盘游戏，需要的沙具各式各样，为了能更准确地了解每个咨询者的问题，沙具也要不断扩充、与时俱进，咨询师可多留意旧物店、小地摊、石头店、玩具店等地方，购买一些需要的沙具；还可以自己动手做一些小玩具来填补沙具缺漏，比如用纸片、毛线、橡皮泥、棉花、布料等做一些简单的东西。沙具收集会随着咨询师的成长和经验的积累而充实和变化。通过咨询师积极的自我探索和不断的细心收集，咨询师会形成一套自己使用起来得心应手的沙盘游戏玩具库。

众所周知，沙盘游戏中所使用的沙具是随着技术走进中国的，传统沙具均是西方文化的神话人物、场景——原型及象征。但是，在沙盘游戏本土化的进程中，出现了中国文化内涵的沙具，我们称之为特殊沙具，并在后面对此进行了分类研究。

5. 水

无水不成沙是根据沙子的构成所说。沙盘中的"水"与中国文化也是分不开的。在佛教中，动荡不定的水是受刺激后情绪波动起伏的表现，而透明澄澈的静水则象征着思定后获得的感知能力。道教则认为水可以绕过障碍继续前进，等同于智慧。

在沙盘游戏咨询中，水的象征意义比较丰富，它代表无意识的力量，有时也包含着许多隐患。水是生命的源泉，既是繁殖、成长、创造、潜能的象征，也是女性的象征，代表一个人的女性性或是母性性。无论哪一种水，都有着新生、活力、精力旺盛的意义。当然水也是危险和潜在的威胁，纯净的水给人以宁静、澄澈的感觉，是精神净化的象征；而浑浊的水则可能暗示来访者的心理健康存在问题，是邪恶和压抑的象征。

沙游中出现的井水、泉水，来自地下，是个体无意识和深层的情感，也是神圣的象征。泉水是自然涌出的清澈性水源，通常被视为纯净、有生命力，并具有治愈能力。泉水代表个体内在积极的资源、能量和内在的自我。井水、泉水的喷吐量是恒定的，故又象征着动力的均衡与稳定；井水、泉水不受任何污染，因而也象征着纯洁的灵魂。

沙游中的河流象征着情感的流动及生命的延续性，又有滋养的含义。河流可以通航，是一种途径。

湖泊的容量很大，是水源聚集地，但流动性不如江河，沙游中出现的湖水具有无意识层面的意思。湖面类似于一面镜子，其反射功能使其具有了镜子的象征意义。湖面的平静也象征个体情绪的稳定。

海洋没有明确的边界，因此被看作无限性的象征。海洋深邃神秘，它常被看作是无意识的象征，海洋也是不具任何形状的潜在力量的象征。同时，海洋的波涛汹涌，也象征着生活中的冲突、挑战和对抗。海洋是生命的源泉之一，它也给人自由的空间。

池塘、游泳池的水是人工蓄水，是缺少流动的，也是最容易受污染且没有自我更新净化能力的水。因此，沙盘中的池塘、游泳池可以认为是缺少原动力的表现。

不论哪一种水，都有积极的意义，同时也存在潜在的威胁。

（二）空间与设施

1. 关于空间

沙游咨询室一般是15~30平方米的独立安静的房间，并要采光好、舒适、安全性良好。房间里既要有"弗洛伊德的沙发"（来访者可以躺下做自由联想或催眠），也要有荣格所重视的"面对面坐着的沙发"和需要时可以拿到的"沙发抱枕"。无论是弗洛伊德还是荣格，都在其工作室中布置了一些具有象征意义的图画和物品作为工作室的背景。从来访者的角度考虑，应该备有使其方便拿到的纸巾。

2. 关于设施

沙盘游戏咨询室除了需要满足一般心理咨询的要求之外，还要根据沙盘游戏工作的特点，做好设施配备。

两个沙盘，一个用干沙的沙盘，一个用湿沙的沙盘；还要有与沙盘放置高度相协调的凳子或椅子。

一个水罐或盛水器，以便来访者使用湿沙盘做游戏的需要。

三个沙具架。既要位置协调，又要方便来访者挑选和拿取沙具，并在架子上贴上区域标签，以便来访者一看就明白这个区域放置的是哪一类沙具。

一批沙具。标准的沙盘游戏咨询室一般需要1200~1800个沙具，按照基本的类别摆放。

一个洗手大碗。在沙游咨询室放置一个洗手用的大碗，为有洗手需要的来访者提供便利。洗手碗最好是漂亮的透明玻璃，可以在里面放置一些贝壳和美丽的小石子。但需要注意的是，如果来访者将沙子带进洗手碗，切记不要把洗手水直接倒进下水道，里面的沙子会沉淀，时间久了会导致下水管道堵塞。

抽拉式擦手纸。为洗手的来访者提供一次性擦手纸，会让他们感受到一种被关爱和温暖感，当然也是咨询师服务质量的体现。

此外，还要备一台相机（手机拍照也可以）、一个钟表、一些制作玩具的橡皮泥、纸张和彩笔。

（三）沙盘游戏咨询的流程

沙盘游戏咨询模式有着一个完整的系统，咨询师从向来访者介绍沙盘开始，然后请来访者独立"制作沙盘"，由咨询师陪伴、观察、记录过程，再到互动交谈以及拆除沙盘，都是沙盘游戏咨询师必然实践的基本环节。

1. 建立关系并介绍沙盘

沙盘游戏工作要求咨询师与来访者建立关系，这一点同其他咨询方式是一样的。还有一点是需要特别注意的，那就是不能强行进行沙盘游戏。换句话说，沙盘游戏是咨询工作的方法之一，但不是唯一的方法。此外，不是每一个来访者都对沙盘游戏感兴趣，都敢触碰或挖沙。如果来访者不愿意、不能够或不适合沙盘游戏，而被要求"制作沙盘"，则会"受伤"并严重破坏咨询关系的建立，进而影响咨询工作。所以，使用沙盘游戏咨询法一定要在来访者做好了准备后开始。不过也有例外，有的来访者就是为了进行沙盘游戏而来的，这时个案的无意识会引导他去揭示在这个时间需要处理的情况，只要能给他提供一个安全的空间，就可以直接开始进行沙盘游戏了。此外，有时孩子或者成年来访者一进入咨询室看到沙盘，就会立刻被吸引，并提出做沙盘游戏的想法。这个时候，咨询师可以向来访者介绍沙盘游戏的有关设置，并进入沙盘制作即可。

一般情况下，成人可能会认为沙盘游戏是孩子的游戏，不愿意进行；还有一些人会认为沙盘游戏是咨询师窥视来访者秘密的工具，出于自我保护，他们不愿意进行沙盘游戏。对于这种情况，当咨询关系比较稳固，咨询师与来访者建立了较强的信任关系，而且咨询师认为沙盘游戏能为来访者提供很大的帮助时，可以向来访者推荐沙盘游戏。当咨询师向来访者介绍沙盘游戏的来源、理论背景以及制作过程等内容后，来访者接纳沙盘游戏后，便可以进行沙盘制作了。

在使用其他心理咨询方法工作的过程中，如果出现一些场景则可以引入沙盘游戏，比如：①咨询过程不顺利，不好继续进行下去；②来访者无法用语言表达自己的感觉或者想法；③来访者感觉到自己内心的阻塞；④出现了一个强烈的无法了解的梦境；⑤在必须做出的决定中挣扎；⑥要解决一个为难的问题；⑦要修复一个他认为似乎已经准备要面对的创伤。

无论是计划使用沙盘游戏还是使用其他工作法的过程中需要引入沙盘游戏，咨询师都要向来访者做好介绍。

首先，介绍沙盘：

这里有两个沙盘，一个放的是干沙，一个放的是湿沙；湿沙盘还可以放水，以便制作"造型"，(指着水罐) 这边有水。两个沙盘的底部都是蓝色。

这个时候，咨询师可以用手扒开沙子，让底部的蓝色露出来。同时，也可以邀请来访者触摸一下沙子，看他有怎样的反应和感觉。

其次，介绍沙具：

这架子上的玩具都是用来做沙盘游戏的，有各种各样的人物、动物、交通工具和建筑模型以及场景等等，你可以随意选用。

最后，咨询师可以就沙盘游戏的来源、咨询背景做一些介绍后，给出指导语：

如果你愿意的话，现在可以来制作一个沙盘，然后我们一起来讨论和分析。

或：

请用这些玩具在沙盘里随便做个什么，你想怎么做就怎么做，没有时间限制。如果你找不到玩具，可以问我，我可以告诉你在哪里找到，但在你制作过程中，我会保持沉默，除非你需要我的帮助。

或者可以更详细一些：

你可以按照自己的意愿在沙盘中创造任何世界，做出任何场景或者图像，或是创造任何故事，你不必思考它或者了解它，想到什么就做什么，拿那些似乎在呼唤你的玩具，你可以选择对你有吸引力或者正向的玩具，也可以选择一些厌恶的或者负向的玩具。不管你做什么都可以，做沙盘没有对错之分的。

2. 沙盘游戏制作与记录

来访者可以坐着，也可以站着，由来访者自己决定。来访者在制作沙盘过程中可以沉默不语，可以自言自语，也可以向咨询师询问或请求协助。但是咨询师只是作为一个陪护者见证沙盘游戏的过程，一般不参与沙盘的制作。

在制作过程中，咨询师是一个"静默的见证者"，一般坐在沙箱的侧面，像一个见证者一样默默见证来访者无意识世界的流露和表达，尽管是不说话的，但是可以通过目光、身体语言以及偶尔的应答，让自己的无意识与来访者的无意识进行交流对话，帮助来访者的自性显现并逐渐整合自己的心理反应。在这个过程中，咨询师首先要给来访者创造一个自由且安全的环境，让来访者在沙盘制作过程中能体验到回归童年的感觉，就像在妈妈身边那样安全而受保护，这是沙盘游戏至关重要的"气氛"。其次，咨询师要持共情理解的态度，设身处地地体会来访者的心理和情感感受。咨询师要随着来访者的思路走，不能在来访者制作沙盘的时候表现得无所事事，或在一旁"干死活"。最后，咨询师要以一种欣赏的态度来对待来访者制作的场景，要如同在心理咨询过程中一样对来访者无条件地积极关注。总之，沙盘制作的过程就是一个咨询和个人体会的过程，咨询师要做的是传递给来访者信任和支持，而这种传递，不是语言的或行为的，而是精神的和心灵的。

在沙盘制作过程中，咨询师要记录下沙具摆放的顺序以及来访者挑选沙具的顺序和处理方式，注意来访者对哪些沙具感兴趣或排斥。

沙盘游戏咨询过程中不是每一次都使用沙盘，但只要有"沙盘制作"都必须有记录。一是来访者"沙盘制作"过程，咨询师要使用"个体沙盘游戏过程记录表"（见表10）进行过程记录，其间，不仅记录来访者"开盘"时使用材料情况、沙具摆放情况、沙具选择情况、用水情况等，还要记录咨询师自己观看过程的情绪和情感反应。二是解释环节，咨询师应使用"个体沙盘游戏的对话记录表"（见表11）记录下与来访者的对话情况。三是用相机将来访者制作的沙盘作品或沙画拍摄后归档，用于日后分析和研究，也可用于沙盘游戏督导，同时也可以反映来访者在沙盘游戏咨询过程中的变化和效果。如果是数码相机，可以将沙盘作品的图片在计算机上进行存放或处理，这样保存的效果会更好，使用起来就更方便了。拍照的时候可以由来访者选择性地进行，如果来访者想和作品进行合影也是可以的。

表10　个体沙盘游戏过程记录表

来访者：　　　　日期：　　　　沙盘编号：　　　　湿沙/干沙：

序号	项目	内容			
1	沙具摆放地图				
2	沙具摆放顺序	1　　6　　11　　16 2　　7　　12　　17 3　　8　　13　　18 4　　9　　14　　19 5　　10　　15　　20			
3	沙具变动情况				
4	如何挑选沙具				
5	沙盘的类型 及色彩				
6	来访者制作结束后表达				
7	咨询师的情绪和情感反应				
8	咨询关系				

表11　个体沙盘游戏的对话记录表

来访者：　　　日期：　　　沙盘编号：　　时间：　点　分—　点　分

序号	问题	应答	备注
1	你可以简单介绍一下你的作品吗？		
2	如果让你给作品起个名字，你认为是什么？		
3	现在再来看看你的作品，会有怎样的感受？		
4	整个作品中你最满意的是哪个部分？		
5	你觉得哪个沙具对你意义最大？为什么？		
6	作品中你在哪个位置？（哪个是你？）		
7	……		

3. 倾听与对话

沙盘游戏要求咨询师在制作过程中不给予来访者解释，而是当来访者完成沙盘制作的工作之后，将来访者拉回到现实中，帮助他们把沙盘的世界与现实进行连接。有很多方法可以帮助来访者把沙盘世界与现实世界的生活议题或回忆连接起来，所以，咨询师与来访者的对话要问"是什么"而不讨论"为什么"，可以启发来访者"说说沙盘的故事"而不探问"你这里为什么放了这个……（沙具）"。可以说："你刚刚创造和经历了一个世界，在沙盘中的情况与你现实的生活有怎样的类似之处呢？"但不说："那个时候你为什么……（咨询师解释来访者的作品主题）。"

在本环节，咨询师扮演的角色是帮助来访者探索无意识以及将无意识与现实搭建桥梁的导师。

（1）倾听来访者的故事。询问来访者是否愿意向咨询师介绍他创造的世界，以便了解来访者的观点。这时可以说："你是这个世界的创造者，你是否可以带我游览一番，详细向我说明这个世界是如何形成的，并且让我认识这个世界中的人和物。"来访者可能只会进行一个简单的回顾，咨询师要引导来访者详细介绍他所创造的世界，这本身也是一种治疗。如果来访者保持沉默，不想描述世界，咨询师必须尊重他，可以说："等你想告诉我这个世界的时候，我再了解它吧。"或者说："你当下不想谈论，那就陪它一段时间可以吗？"留给来访者一些时间保持"沉默"。

由于来访者所创造的世界是其无意识的流露，所以不管呈现的方式是什么样的，咨询师都必须对来访者所描述的事情持开放的态度。这个过程，咨询师不要用任何方式，不管是身体上的还是精神上的，来评论来访者创造的世界，因为这是来访者自己的世界，别人是不可能完全理解的，更不能把自己的理解强加给来访者。

当来访者描述完所创造的世界时，咨询师要注意来访者的面部表情和身体反应。这时候咨询师可以提问，但不要带有暗示性，而是以中性语言来问。比如"你的身体哪个地方有感觉？"或者"你似乎感受到悲哀、生气或不舒服？"如果来访者表示没有则不再继续；如果来访者有情绪体验时，咨询师要鼓励来访者停留在情绪中。来访者可能不愿意停留在难过之中，应借这个机会帮助来访者把情绪和现实联系起来，这本身也是一种疗愈。

有时来访者会在沙中埋些玩具，或者他不提到某些玩具，遇到这种情况，咨询师可以说："我发现那里有个××，你能说一下它的事情吗？"这时候要观察和来访者探讨的可能性，被埋的物体往往具有重要意义。这一环节通常需要5~10分钟。总而言之，这个阶段咨询师要做的是引导、接纳、倾听和不解释。

（2）有原则的对话。咨询师在聆听了来访者的故事后，如果那一时刻有"工作"的可能性，咨询师可以进入"对话"。一般来说，咨询师与来访者的对话有三个原则。

第一，对话的心象性。沙盘制作过程中，来访者是用心象来表达自己无意识层次的心理内容，其作品完成过程也就是来访者借助心象性语言向咨询师叙说故事的过程。沙盘、沙具以及由沙具构成的场面，都是来访者内在的表达——心灵的语言。也就是说，来访者解释作品内容、确定主题、明确自我形象等，都是运用心象来表达自己深层次的心理活动。因此，咨询师和来访者的对话也应是心象对话。例如，有一来访者的沙盘游戏作品摆放的是一个公路堵车的情景，左侧是一个有序施工的工地，右侧是一片绿地，但是没有一个人物在作品中。来访者刚开始介绍自己的作品时，指着拥堵的公路说："其实应该有个警察在这里，可不知道警察在哪里，所以就没有摆出来。"咨询师回应："的确，没有警察，谁能解决这场堵车？"来访者说："要不打一下122？"咨询师问："122是什么电话？"来访者说："是事故报警电话。"咨询师说："也是，没有事故怎么会堵车呢？要是早点处理事故，也许不会堵这么多的车。"来访者说："是啊，如果早一点找警察的话，也就避免这么多人遭遇麻烦了。"乍一听，咨访双方所谈论的是关于求助警察处理堵车的问题，但双方内心深处都明白这里"堵车"和"警察"的心象所代表的意义。如果咨询师理解了堵车的象征，直接用现实的警察概念明确建议来访者应正确对待自己遭遇的麻烦并合理求助，来访者会感到很难受，因为来访者意识层面或许并未将堵车等同于麻烦，甚至准备好了"公布"给外人，咨询师直白的建议也会让来访者不能受到保护。而运用心象语言进行对话，来访者的内心无意识层面能够理解咨询师所说的内容，接受起来也就显得温和得多、容易得多。

第二，对话的启迪性。咨询师在通过语言和非语言信息，给予来访者共情和支持，激活来访者的自我力量，促进其心理的发展。沙盘游戏同其他咨询技术一样主张非指示性，对来访者的心理状态可以去理解却不能代替，不能对来访者的沙盘游戏作品进行优劣评价，也不能建议来访者该摆什么、不该摆什么。因此，在沙盘游戏工作的对话中富有启迪性的言语是非常重要的。有时一句话就能让来访者"柳暗花明"。比如一个大二女生的初始沙盘故事：

案例

女生拿起一个"女婴"埋在沙子下面（红色标注区域），然后摆放了一个男人，又摆放了一个女人，接着又将两个人放倒了（见图224）。

女生：我知道她（女婴沙具）被埋在沙子下面是会死的，但不知道为什么，我就觉得她应该在这里，我就想把她埋在这儿。

咨询师：发生了什么，她必须待在这儿？

女生：不知道。（女生的眼泪顺着脸颊往下流）也许她就不该来这个世界。

咨询师：她来了会怎样？

（女生哭泣）

……

图224　一名大二女生的初始沙盘

沙盘游戏中的对话不能是浅尝辄止。咨询师带领对话越往纵深方向发展，就越可能碰触来访者无意识的层面，也就越有助于咨询师对来访者做出准确的判断，而且这种纵深发展的对话对来访者来说也更有启迪性，更有利于咨询效果。

第三，对话的全局性。对沙盘游戏作品内容的理解是咨询师理解来访者内心世界的途径，是产生共情的基础，也是咨访双方顺利交流互动的基础。因此，沙盘游戏是一个过程而不是一个作品，不能割裂地看待作品中某一沙具的象征意义。全面的观点就是要求咨询师关注沙盘游戏咨询过程中来访者的全部表现，将来访者沙具的选用、空间配置、场面构成以及对话交流等语言和非语言信息全部纳入自己的视线，在此基础上做出准确的理解判断。比如一个13岁的女生第一次走进游戏咨询室选择了湿沙盘，将一罐水全部倒入沙盘内，又去拿了一罐水再次全部倒入沙盘内，水裹着少许沙子直接溢出了沙盘。第二次沙盘游戏，女孩儿依然是选择了湿沙盘，依然是向沙盘内注水。第三次……第六次她停止了加水，在沙盘中间隆起一个沙堆，沙尖上放置一颗玻璃球。如果只看第六次的作品，似乎女生在关注自己第二性征的变化，那么把六次沙盘联系起来看，表明她在渴望母亲的关爱。水代表羊水，隆起的沙堆和玻璃球象征着乳房，女生多么想回到羊水重新来过。这些综合在一起来理解来访者的内心世界就会准确得多，也生动得多。

4. 结束

这个环节的结束是指单次工作的结束。沙盘游戏咨询的时间和其他心理咨询的基本设置一样，可以每周1次，特殊情况可以增至2~3次，视来访者的具体情况而定。每次50分钟。若是沙盘游戏的家庭治疗或团体治疗，则可以适当延长单次沙盘游戏的时间。

单次工作的结束一般来说是由时间决定，这也是"自然的结束"。但是时间结束之前来访者完成了沙盘的制作，并说："我完成了。"这时咨询师可以开始下一个环节直至时间到并结束工作。如果来访者向咨询师提出："你可以给我解释一下我的作品是什么意思吗？"咨询师可以回应："它让你想到了什么？"然后做好语言的过渡，结束本次工作。

如果来访者在规定的时间内不能完成沙盘的制作，咨询师也"看见"来访者在规定时间结束前5分钟不能"完工"，要提醒来访者，让他知道本次工作需要在5分钟内结束。有的时候，来访者在沙盘制作过程中，由于不能承受的创伤无法继续工作，那么咨询师可以请来访者停止沙盘游戏。这两种都属于"非自然的结束"。

5. 作品的拆除

关于"作品的拆除"，目前业界有不同的声音。有些咨询师认为，在离开之前由他们选择拆除或者保留作品。如果他们选择拆除沙盘作品，就由来访者自己将其作品拆除，因为拆除沙盘作品也是一种自助。拆除他们自己创造的世界，可以增强他们认为自己有力量消除他们的过去的认识，比如放下某件事、补救某个过错等。对于一些人来说，拆除世界可以使得行动全部完成，并且打开新的创作通道。如果来访者不愿意拆除作品，那么可以保留到下次。但也有一些学者认为，不能让来访者自己拆除他们的沙盘作品，应该在结束咨询、来访者离开后，咨询师再去拆除沙盘作品。这样是对来访者的尊重，也是一种保护，避免受到二次伤害。

（四）初始沙盘

卡尔夫对来访者的初始沙盘给予了特别关注。她认为初始沙盘通常呈现了来访者在沙游历程中需要解决的问题，同时指明了来访者咨询的方向和他拥有的内在资源。初始沙盘之所以重要，是因为其中包含着许多特殊的意义。任何初始经历总是具有令人难忘的体验，比如初恋、早期的亲子关系等。由于是初次体验，所以总是能引起当事者直接与本能的反应。就初始沙盘而言，它不仅像卡尔夫所提出的能够呈现来访者的问题及其本质性的线索，能提供治疗的方向以及治愈的可能，而且，它也是一次心灵旅程的开始。因而，初始沙盘也包含了某种"仪式"或"洗礼"的含义。

初始沙盘在反映"问题"的同时，也会呈现出解决问题的线索，这是沙盘中所包含的智慧所在，也是中国哲学思想的体现。正如太极图所呈现的正是一种彼此包容、相辅相成、转化与超越的意象。"祸兮，福之所倚；福兮，祸之所伏。孰知其极？"

初始沙盘是整个沙盘游戏历程的重中之重，预示着历程的方向。即使系列沙盘在不断向前推进，咨询师也需要持续回顾初始沙盘。或许更为重要的是，经常参照初始沙盘能够有效减少咨询师单纯从意识出发去解读来访者的沙游历程。

（五）沙具的象征意义

要阐释沙具在沙盘游戏中的象征意义绝非一件易事。因为沙具的象征意义包含在沙盘游戏过程中我们所要探索的所有内容里。沙具及其象征意义也不能脱离游戏过程和整个咨询历程而被孤立地解释。

沙具的象征意义要从几个方面考虑：①沙具在现实生活中的本质特征和惯用功能；②在神话中的各种角色形象内容；③从文学、戏剧、艺术品、历史、宗教、地理和文化习俗等方面考虑；④来访者的文化背景和教育、经济状况，同样的一枚沙具对于一名生活在贫困家庭的孩子和生活在富足家庭的孩子而言，意义上可能大相径庭。同样，来自不同国度和民族的来访者，对于同一个沙具的意象表达也会受到其文化形态的影响。

（1）人物类象征。

①医护人员：心理求救、自己受过创伤、自我正在治愈。

②儿童：自我中孩子气部分、天真烂漫。

③战士：愤怒、攻击性、伤害、破坏。

④机器人、卡通人：对自身潜能的估计、自我保护、人生观和价值观。

⑤魔术师、隐士、教师：遭遇困难，需要帮助。

⑥如来、耶稣、真主、裁判员、校长等权威人物：对权威的敬畏，渴望得到慈爱、安全，也可能是升华。

⑦运动员、历史或传说人物：来访者自我的觉醒。

⑧恶鬼、邪恶的人：不愿暴露的心理内容，或消极的部分。

（2）动物类象征。

①鼠：多疑、灵性、生命力。

②牛：倔强、献身精神、生命本体。

③虎：巨大能量、活力、勇敢、权势。

④兔：美好的希望、阴阳协调。

⑤龙：祥瑞、权力、邪恶（西方）。

⑥蛇：原始生命力、纠结、男性、阴险、转化。

⑦马：勇敢、胜利、帅气。

⑧羊：温顺、善良。

⑨猴：聪明、进化、顽皮、邪恶（西方）。

⑩鸡：勤奋、辛苦、家园。

⑪狗：忠诚、警觉、保护。

⑫猪：蠢笨、懒惰、厚道。

⑬狮子：威严王者。

⑭豹子：勇气和战斗力，同时也有虚伪、狡诈、淫欲的象征意义。

⑮熊：笨拙、强大、有力量，同时也可能说明来访者在人际交往中孤独的心境。

⑯狼：男性来访者的作品中出现的狼代表攻击性、破坏性的兽性能量；女性来访者可能还象征着对男性的恐惧。母狼是女性强烈爱子情结的代表。

⑰大象：力量、稳定，也是一种哲人的智慧、深思熟虑和宽厚。

⑱鹿：灵性、善良。

⑲鱼：财富、自由。

⑳贝壳：女性、自我保护。

㉑乌龟：回归、母性、长寿。

㉒青蛙：转化、进化。

㉓鸟：自由、自然。

㉔鹰：速度、力量。

㉕善良而强大的动物：来访者的觉醒。

（3）植物类象征。

①树木：生命。

②花卉：女性、奖赏。

③草：生命力、希望。

（4）交通工具类象征。

①汽车：成长动力、财富、心理能量。

②火车：援助、机遇、浪漫、迫切心理。

③飞机：速度、愿望。

④军车：矛盾、攻击、毁灭。

（5）建筑类象征。

①房屋：家、内心。

②商场：人际关系、补给。

③塔和庙宇：宁静祥和、皈依。

④图书馆、加油站、取款机：自我能量补给。

⑤城堡：感到压抑、不安，寻求逃避、保护。

⑥桥：沟通、连接。

⑦门：开表示联结，关表示障碍。

⑧篱笆、墙、栅栏等：界限、障碍。

（6）自然类象征。

①太阳：活力、冲动、勇气和男性本原的象征。

②月亮：贞节、易变、反复无常、冷酷、淡漠和女性本原的象征。

③星星：希望和智慧、光明和喜悦。

④森林：自然、迷茫。

⑤山：抱负、男性。

⑥水：生命、女性。

⑦沙漠：贫瘠、无望；沙漠中出现骆驼，说明来访者可能正在寻求外力的帮助。

⑧石头：力量、生命、永恒。

（7）物品类象征。

①照明物：希望、温暖。

②乐器：情感倾诉。

③食物：物质上的需求和精神需求的匮乏。

④镜子：借鉴、参考、真实、纯洁、启蒙和自我反省。

⑤伞：保护。

上述是一般化的总结，具体还要结合来访者的表述与现场互动，究竟如何通过沙盘游戏来达到咨询的效果还需要进一步的观察与讨论。但是在这里，我们不得不提一下具有中国文化内涵的特殊沙具。之所以说"特殊"，是区别于上述世界范围使用的沙具。我们知道，沙盘游戏是荣格的弟子卡尔夫在英国"世界技术"的基础上所建立的一种咨询模式，无论是世界技术还是沙盘游戏，所用沙具都是以西方文化为基础的。随着中国国际地位的提高以及心理咨询本土化的进程，具有中国文化内涵的特殊沙具数量在不断增加，沙具中新出现的中国文化内涵的沙具，是在推动心理咨询本土化进程中的新情况，为此，我们进行了专题研究。首先依据沙具分类确定中国文化内涵沙具的类别，然后发放问卷收集了人们对中国文化内涵沙具的象征意义和联想并进行全面调查分析，最后对沙盘游戏工作过程中使用中国文化内涵沙具的人员进行深度访谈，最终找到中国文化内涵特殊的沙具在沙盘游戏中的象征意义和原型。

按照沙具分类习惯，目前具有中国文化内涵的特殊沙具可以分为（但不限于）6类（见表12）。

表12 特殊沙具分类表

	特殊沙具			
神话人物类	女娲	盘古	孙悟空	唐僧
宗教人物类	佛陀	老子	玄奘	僧/尼
历史人物类	孔子	秀才	包拯	秦始皇
植物类	牡丹	—	—	—
动物类	熊猫	—	—	—
建筑类	东方明珠	长城	天安门	鸟巢

中国文化内涵的特殊沙具的象征意义又可以被解释为我们身处在中国文化下的人通过对这些特殊沙具进行联想随之带来的感受。因此，经过问卷调查统计数据并归纳，得到表13。

表13　特殊沙具的象征意义

沙具	联想一	占比一	联想二	占比二	其他占比
龙	权力	29.8%	力量	47.47%	0%
长城	保护感	36.36%	权力感	43.94%	0.51%
女娲	温柔	20.71%	创造力	62.12%	1.52%
嫦娥	美女	81.2%	寻求自由	16.66%	2.14%
玄奘	不忘初心	41.41%	不畏艰险	67.17%	4.55%
僧/尼	清心寡欲	39.9%	看破红尘	67.68%	2.02%
道教文化人物	清净	40.91%	天人合一	68.18%	1.01%
儒家文化人物	正统	41.41%	仁义	66.67%	4.04%
秦始皇	至高无上	43.94%	狂傲	63.13%	2.53%
包拯	铁面无私	47.98%	正义	73.23%	1.52%
孙悟空	正义感	35.86%	渴望自由	42.42%	0.51%
大熊猫	内心温暖	40.91%	渴望爱	30.3%	1.01%
天安门	神圣	38.38%	保卫国家	41.92%	1.01%
东方明珠	赚更多钱	25.25%	知名度	51.52%	0%
鸟巢	创新	67.17%	时代气息	45.45%	5.56%
盘古	力量	55.05%	创造	24.24%	1.52%
牡丹	大富大贵	52.53%	渴望漂亮	27.78%	1.01%

*注：此问卷为多选问卷，各项占比之和不为固定数值。

对于这些特殊沙具的象征意义分析如下：

龙：它往往被我们联想到天子——皇帝，而皇帝则拥有至高无上的权力，因此它的象征意义体现为对权力的渴望，抑或是目前具有强大的权力。同时，也反映出使用该沙具者在现实生活中的"无力"与"无助"。

长城：它带来的联想是由秦始皇建造的，秦始皇有最大的权力，且它的作用是抵御外来入侵，保护秦国，因此它的象征意义体现为权力，或是保护他人，或是渴望得到他人保护。

女娲：她带来的联想是一个温柔的女性；女娲造人又是一种创造力。因此，她的象征意义体现为自我成长、和谐共生和充满温柔。

嫦娥：她是中国神话故事中的月宫仙子，有着非凡的灵性，也代表古典美女；嫦娥奔月深入人心，人们普遍认为嫦娥具有挣脱束缚、寻求自由的精神。

玄奘：玄奘出现在我国唐朝历史中，他是唯识宗创始人之一，通称"三藏法师"。他往往被联想到去求经，路途遥远、危险重重，并且长达数年。因此，他的象征意义是不忘初心、不畏艰险。

僧/尼：他们带来的联想是清心寡欲，看破红尘，不为世俗烦恼。因此他们的象征意义是宁静平和、自我探索。

道教文化人物：他们带来的联想是内心清净，内心与自然相通，天人合一的感受。因此，他们的象征意义是精神成长，天人合一。

儒家文化人物：他们带来的联想是仁义，一脉相承感或嫡系相承感。因此，他们的象征意义是仁义或正统。

秦始皇：他带来的联想是地位和权力至高无上，性格狂傲。因此他的象征意义体现为希望自己达到至高无上或性格狂傲。

包拯：他带来的联想是从不包庇任何人，正义、铁面无私（公正严明，不怕权势，不讲情面）。因此他的象征意义表现为正义或铁面无私。

孙悟空：他是一个神话人物，也是小说《西游记》里的主人公之一。他降妖除魔的能力使人联想到正义，也想到"自我"，试图冲破紧箍咒的拘束。因此他的象征意义具有正义感、内在力量、渴望自由。

大熊猫：它是中国独特的代表性动物，深受中国人民喜爱，带给人们的联想是内心温暖的感觉。因此它的象征意义是平和宁静、渴望爱、自我保护。

天安门：它带来的联想是北京市地标建筑、升国旗阅兵的主要地点。北京又是中国的首都，在这里人们的机遇非常之多。因此它的象征意义体现为神圣和保卫国家。

东方明珠：它是上海市地标建筑。上海是经济中心，名声海外。因此它的象征意义体现为渴望赚钱，或在乎自身名声。

鸟巢：它于2008年建成，2008年北京奥运会的主体育场。它带来的联想是中国新时代的发展，是创新。因此它的象征意义是创新或时代感。

盘古：他是我国神话中开天辟地首出创世的人，具有创世的力量，是一位榜样。因此他的象征意义是渴望获得力量（自身力量不足）或是希望自己成为榜样。

牡丹：它带来的联想是非常漂亮的花朵，盛开之后又表现出十分高贵富有的气质。因此它的象征意义是渴望自身变得更加漂亮好看或是希望自己变得大富大贵。

众所周知，荣格分析心理学中对于梦的象征的分析，除了"联想分析"

之外，还加入了"扩充分析"，实际上是把"分析"扩展到集体无意识和原型的层面。那么，中国文化内涵的特殊沙具与西方文化的沙具的象征有着怎样的联系？通过对比，我们初步得出了具有中国文化内涵的特殊沙具的原型（见表14）。

表14　特殊沙具原型表

沙具	原型1	原型2
龙	上帝	阴影
长城	英雄	阴影
女娲	创造者	阿尼玛
嫦娥	阿尼玛	自性
玄奘	英雄	自性
僧/尼	阴影	情结
道教文化人物	自性	智慧老人
儒家文化人物	自性	智慧老人
秦始皇	英雄	阴影
包拯	自性	无
孙悟空	英雄	阴影
大熊猫	阿尼玛	人格面具
天安门	英雄	自性
东方明珠	阴影	无
鸟巢	创造者	无
盘古	英雄	阴影
牡丹	人格面具	阿尼玛

（六）沙盘作品的颜色

不同的颜色能够使人产生不同的联想，具有不同的象征意义。我们常见的白色、黑色、蓝色、绿色等颜色各有不同的心理基调，在沙盘中也有各自的意义。

1.白色

白色代表纯洁、纯粹与超然，也被视为一种空白和无形。在沙盘游戏中，来访者可能用白色表示对过去的净化，也可能用白色来表示他们当下的空白状态，希望从一块空地上重新建构自己的生活。沙盘游戏中的白色需要结合文化来进行解读。

2.黑色

很多西方人认为，黑色是悲痛和死亡的象征。不过在中国，黑色有时也是权力和威望的象征。在沙盘游戏中，来访者可用黑色表达他们的负性情绪、内心的不安和悲伤。在心理情绪中，黑色则往往表示愤怒。

3. 蓝色

不管是天空还是大海，蓝色总是让人联想起开阔的空间，或是与无穷无尽、空灵联系起来。天蓝色可以象征男性的本质、远方。此外，平静幽深的海水象征女性本质。同时，蓝色也象征沉思、内省和怀念。

4. 绿色

绿色是植物的颜色，通常象征觉醒、成长和生命力。在中国，绿色是春天的象征。沙盘游戏中出现绿色可能代表来访者的成长和发展、内心的平衡和对自然与和谐的追求。

5. 红色

红色的象征多与自然界的生命力相关，因此许多人相信红色可以唤起力量和激情。在沙盘游戏中，红色可能代表来访者的情绪状态、内在的活力和激情，当然，也可能是攻击性。

6. 黄色

黄色与黄金的象征意义联系紧密，代表太阳和生命的原动力，也代表大地的颜色。在沙盘游戏中，如若来访者使用较多黄色沙具，可能有对财富的渴望，也可能是表达积极的情绪体验，对快乐和温暖的渴望。

7. 紫色

在中国，紫色是吉祥、高贵的颜色。自唐代至元代时期，只有高级官员才可以穿紫色服装。

总之，如果沙盘作品中出现不同的整体颜色，无论是红色、白色，还是其他颜色，需要结合不同文化来分析颜色背后的心理意义。即便同是汉族人，有不同信仰的人意识中的颜色跟其他人也会有些差异，这就是在沙盘游戏咨询规则介绍之前需要对来访者个人情况做详尽调查的原因。

（七）沙盘游戏呈现的主题

沙盘游戏有几千个沙具，但来访者呈现的内容归纳起来基本上涉及三大主题：受伤的主题、治愈的主题和转化的主题。受伤的主题一般是来访者刚开始接受咨询的前几次所制作的沙盘，场景中带有混乱、攻击、孤独、受虐待、失落、丧失等创伤性体验的内容。所以，受伤的主题及其表现，也是我们在面对初始沙盘，以及为来访者制订咨询方案的重要参考指标。治愈的主题一般反映着来访者内在的积极变化。比如沟通的桥梁、开始的旅程、生长的树木等，都是典型的治愈主题的表现。所以，当咨询师看到来访者的沙盘作品中有治愈的象征出现时，说明来访者的内在心理开始整合了。转化的主题是澳门城市大学心理分析研究院院长申荷永教授提出的，他认为转化包括受伤与治愈之间的转化、治愈主题中的转化意义、转化主题中的动态内涵和仪式作为转化的表现形式四个方面。需要说明的是，三大主题不是依照顺序发生的，也不是呈线性发展的。一般来说，受伤主题会出现在初始沙盘和早期的沙盘作品中，随着咨询工作的进展，来访者的情况有所改善，受伤主题便会越来越少，甚至开始从消极意义转化为积极的意义。这时，治愈的主题会越来越多，沙盘作品变得越来越丰富、越来越积极、越来越和谐，转化的主题也就在其中生发了。

如何来判断来访者的沙盘作品呈现的是什么主题呢？这和医生看化验单等有很大的差异，因为"主题"所表现与传达的是无意识的信息，需要在象征的水平上和意义上去观察与分析。

（1）受伤的主题及其表现，如表15所示。

表15 受伤的主题及其表现

序号	表现	沙盘作品	沙盘图例
1	混乱的表现	没有形状和规则，任意和随意性较大	
2	空洞的表现	沙盘中只使用几件没有生命感觉的沙具，给人一种空旷、沉默、抑郁，对任何事物都失去了兴趣的感觉	
3	分裂的表现	沙盘中各部分之间没有任何连接，呈现出分裂的迹象	

序号	表现	沙盘作品	沙盘图例
4	限制的表现	沙盘中出现的人物或动物没有自由，被篱笆或墙体围住等，显得陷入了困境，或者是被关押了起来	
5	忽视的表现	沙盘中的角色显得孤独和孤立，失去了本来可以获得的帮助和支援	
6	倾斜的表现	通常直立或站立的沙具，被来访者有意地摆放成倾斜或者是坠落的姿势	
7	受伤的表现	指已经受伤的形象或正在受到伤害的形象	
8	威胁的表现	沙盘中所呈现的险恶情境或者可怕事件，以及沙盘中的角色在受到威胁时的无力和无助感	
9	受阻的表现	沙盘中本来表现出了一些新的生长和发展的机会与可能，但是这种机会可能受到了明显的阻碍	
10	倒置的表现	把使用过的沙具头脚或上下颠倒放置，或是在摆放、搭建某种造型时，有意或无意地把沙具倒置	
11	隐藏的表现	一般指来访者把沙具隐藏在某一物件的背后，或者是直接把某些物件用沙子掩埋了起来	
12	残缺的表现	残缺的表现包括沙盘作为整体的残缺或缺失	
13	攻击的表现	打斗或打仗的场面或者是明显的破坏行为，这可能涉及来访者自己曾受攻击的经验	

续表

序号	表现	沙盘作品	沙盘图例
14	陷入的表现	沙具，尤其是动物或交通类的模型，都深深地被插入沙子中，呈现出很难行动与受困的感觉	

（2）治愈的主题及其表现，如表16所示。

表16　治愈的主题及其表现

序号	表现	沙盘作品	沙盘图例
1	能量的表现	沙盘中呈现出的活力、生气和运动等，都属于能量的表现。比如，树木、作物开始生长，建筑工地开工，机器开始工作，汽车呈现出启动或运动状态，轮船开始航行或飞机从跑道上起飞，等	
2	连接的表现	反映在沙具之间的连接。比如，在地面和一棵大树的旁边出现的梯子，便属于这种连接的表现；或者是在象征天使和魔鬼的沙具之间出现的桥梁，便属于对立双方沟通与结合的可能	
3	旅程的表现	沙盘中出现明显的运动迹象或线索，比如顺着某一道路或围绕某一个中心的运动，如一个人骑马飞速前行	
4	深入的表现	"深入"意味着一种深层的探索或发现。比如，发现了掩埋的宝藏、挖掘河道或是出现了与水井有关的沙具和工作等	
5	诞生的表现	诞生是明显的治愈和转化的主题，可以有许多不同的表现形式，如鸟类孵化、婴儿出生等	
6	培育的表现	"培育"包含着孕育，以及为新的生命与生长提供滋养或帮助。比如，母亲哺育孩子、护士照顾病人、相互支持的家庭成员、和谐的团体聚会、提供食物的车辆或者是食物的出现等	

续表

序号	表现	沙盘作品	沙盘图例
7	灵性的表现	沙盘中出现带有宗教和精神性质的象征	
8	趋中与整合	"趋中"是指在沙盘的中心或中间区域，出现了一些整合的倾向，呈现出协调、平衡与和谐的感觉	

（3）转化的主题及其表现，如表17所示。

表17　转化的主题

表现	沙盘作品	沙盘图例
四大王子	沙盘中出现蝴蝶、青蛙、蝉和蛇，被视为来访者在转化	

（八）沙盘作品的解读

在沙盘游戏内容的分析中，卡尔夫将来访者制作的系列沙盘作为一个"沙游历程"来研究。她认为沙盘游戏历程包括心灵下沉至无意识，实现自性的中心化，发展出一个适应性更强、更健康的自我。1989年3月，卡尔夫在美国加州讲课时曾表示，在我们心灵的深处知晓着我们意识无法知晓的内容。通过沙盘游戏我们触及了人类的集体无意识。这为我们展示了每个人心灵所通往的道路。沙盘游戏促进着个体的自性化历程，让无意识的内容意识化，并将其整合进我们的生活中。

内在与外在的幸福是同时发生的。象征所蕴含的意义会对人的内在与外在同时产生作用。这为个体的进一步发展做好了准备。

因此，我们对所发生的一切的理解是至关重要的。这种理解不一定是言语上的，但是是从我们的直觉而来的。

当我们发现沙中的意象在不断地重复，我们必须自问发生了什么。一旦我们掌握了来访者的无意识信息，意象就会发生改变。

这种内在觉知在遥远的东方更广为人知。我们在这里所接受的培训，是让我们有意识地去理解一些内容和信息。而真正的转化是不会仅在意识层面中发生的。

卡尔夫是采用埃利希·诺伊曼的发展理论，来追踪沙盘中象征性内容所反映出的心灵的成长与改变。卡尔夫既尊重来访者可能会赋予某个沙具特定的意义，同时她对沙盘中象征内容的解读是建立在对象征的原型内容的深入理解之上的，她会具体案例具体分析，并将象征意义放在来访者整个沙游历程的背景中进行考察。卡尔夫强调，理解沙盘作品中的象征和隐喻，会促进咨询师与来访者之间信任关系的建立，而这种信任关系本身就具有很好的治疗作用。不过，卡尔夫也强调，咨询师一般不需要使用语言向来访者传达自己的洞见。

卡尔夫出版《沙盘游戏》一书后，关于沙盘游戏疗法的研究和出版物不断涌现，都对沙盘游戏作品的分析有着不同的见解。

埃斯特拉·温瑞伯作为荣格心理分析师，也是卡尔夫最早的美国学生之一，她遵循卡尔夫的传统方法，以荣格分析心理学中的自性化过程作为沙盘游戏历程的分析指南，总结出沙盘游戏历程中包括的四大主要阶段：①重要情结的部分解决；②全体中心原型的展现，或者说自性的群集；③区分性的对立性元素的出现（阿尼玛／阿尼姆斯）；④遵从于自性的新自我。

与卡尔夫的做法相同，温瑞伯的分析方法主要关注沙盘中的转化过程，而不是建构沙盘的细节。温瑞伯强调不要在做沙盘游戏疗法的过程中进行解释。但是，在沙盘作品制作结束后，咨询师可以让来访者讲述有关沙盘情境的故事，或者可以问一些相关的问题，或者引出来访者的解释和对沙盘情境的联想，或者谈一些他们所暗示的问题。温瑞伯认为，咨询师不应强迫来访者对沙盘作品进行联想，或者以任何形式直接去面对病人，因为强迫联想会激起理性的行为，除非是一种自发的行为，否则就是不合适的。

卡尔夫早期的学生、荣格心理分析师凯瑟琳·布莱德温（Katherine Bradway），在多年丰富的沙盘游戏临床实践经验的基础上，总结出解读沙盘的指南，主要从以下几个方面对沙盘内容进行分析：层次、阶段、顺序和主题。

（1）层次。这是指来访者在哪个心理层面工作。这些层面可能会相互作用，可能会涉及来访者意识到的创伤，也可能是隐藏在来访者无意识中的创伤事件。沙盘游戏可以展现或激活来访者在重要关系和重大事件中的情绪感受和经历体验，这可能暗示着来访者对咨询师积极或消极的移情。原型经历也可能会在沙盘中被激活并得以展现。

（2）阶段。这是指沙盘游戏历程的开始与结束。布莱德温针对初始沙盘有十大分析指南：①尊重并意识到来访者的感觉；②意识到咨询师自己的感觉；③沙盘中有什么沙具被掩埋或被隐藏，后来又可能会被发现；④混乱或秩序的出现；⑤移情的迹象；⑥滋养的内容；⑦对水域、水或者与水有关的沙具的使用；⑧代表着母子一体性的内容；⑨代表着问题和／或其解决方案的内容；⑩如果沙盘引发了咨询师的焦虑，则咨询师需要寻求督导。

在沙盘游戏历程中存在着诸多的可能性，包括深化期、滋养期和自性的群集期。

（3）顺序。这是指沙具的摆放顺序。在每个沙盘中，咨询师都必须观察沙具的摆放顺序。同样重要的是，要观察来访者在系列沙盘中，沙具的摆放顺序及其布置。

（4）主题。这是指沙盘游戏案例中的主题倾向。主题方面的考察可能包括：①孵化性的场所，比如对某些事物保护性或庇护性的封闭，令其得以成长和转化；②对沙具的选择或摆放、言语内容和对沙子的使用都可以暗示着能量的来源或能量的受阻；③代表着旅行、道路和运动的内容；④代表着来访者的控制感、权威感和愤怒的内容；⑤男性或女性能量的出现与发展；⑥对立面的出现与联合，获得宝藏。

不同的学者和专家在实践中有着自己的研究，提出自己的经验，供大家参考和讨论。

来访者完成沙盘作品制作后，尽管咨询师不能即刻把沙盘作品的意思和象征意义解释给来访者，但是，咨询师还是要准确地"解读"沙盘作品的内容，否则在咨询方案的制订和后续的咨询工作中就会跑偏。因此，咨询师能读懂来访者的沙盘作品，又能精准分析其沙盘作品，是很重要的工作，也是沙盘游戏咨询师的素质体现。我们依据多年沙盘游戏在心理个案咨询中的实践，以及综合上述荣格心理分析师的观点和研究，建议从下面13个关键点进行分析。

（1）沙子的使用。对于选择干沙还是湿沙，有时来访者会给出理由，例如感到湿沙"脏"、有"不愉快的感受"，或"好玩""容易塑型"；认为干沙"不成形""转眼即逝""感觉像是对身体的爱抚"等。一切都是来访者被沙子唤起的情感情绪，如若不敢触碰沙子可能意味着来自无意识的恐惧，又或是与身体建立连接存在困难；抚平沙子可能表明渴望控制情绪，或是有来自无意识和强迫性防御的恐惧。

（2）空间的使用。沙盘作品场景是拥挤还是空旷，对空间的使用是均匀的还是有某一半或某部分空着，不同的情形有不同的意义。非常拥挤的意象可能指向充溢的无意识活动，而空旷景象可能指向抑郁或缺乏内部能量。那么，根据场景的特点，咨询师也可能看出它是否表明内部的明晰、平静，或是在新事物浮现之前摆脱旧意象的空虚。如果在一个来访者的一系列沙盘中持续出现空旷的半边或部分区域，则可能指向深层的内部失衡，以及无力表达危险的或痛苦的内部体验，特别是当使用的那部分区域里包含了积极的、非攻击性的要素时；有时，低自尊的怯懦人格也会导致仅仅使用沙盘的一小部分。此外，我们还应当留意观察来访者的系列沙盘中对空间的使用是如何变化及发展的。值得注意的是，三维的沙盘游戏和二维绘画的上、下、左、右等方位的表征意义有所不同，二维系统的解释能否被投射到沙盘游戏的三维表征上，还有待商榷。

（3）沙具的使用。来访者是否使用了沙具，以及所使用的沙具是否代表某种特定类型沙具的独有用法都值得观察和注意。在一些情况下，避免使用沙具可被视为一种防御，特别是如果它持续发生于整个过程中，这可能意味着拒绝咨询师所提供的某种东西。与没有使用沙具的抽象场景相比，来访者对沙具的选择通常会揭示更多。然而不使用沙具也可能有其他原因。某些更深的、更为内在的意识层面具有一种更加抽象的特质，来访者可能不想使用沙具去表达它们。而且，在无沙具的工作中，身体感觉，或爱抚、触摸、击打沙子（好像它是一个生命体）的需要可能占优势。这种体验可能代表一种原始意象，它需要被重构。如果使用沙具，咨询师就需要观察：是否只有人类而没有动物，或只有女性沙具，或是只有平和的沙具。此外，植物的出现或缺乏，也可能代表着来访者的内部状态。例如，在一系列无任何植物的场景之后出现了绿色等，任何一个变化都应被咨询师看见。

（4）沙具布局的形状。有时来访者的沙盘作品会呈现为一种形状，例如圆形、心形或有棱角的形状。若沙盘中圆形占主导，可能指向来访者更女性化的特点；而几何形状或结构精致的沙盘，可能指向一种男性主导或理性倾向。有时来访者摆出的形状像身体或内脏器官，表明这个过程来访者正在触及身体的层面。同样地，关于沙具的使用，我们也应当考虑沙具布局的形态。例如，每个沙具的排布是严格遵循几何图形，还是自由分布，或者互无关系。

（5）盘底面的使用。蓝色底面经常被用于表示水。来访者是否借助于在沙子中挖开一个洞，或把沙子推到一侧而深入到"水的层面"，都表示来访者的无意识水平。如果一位来访者长期避免呈现"水面"，则可能表示他对过度深入的恐惧。如果从咨询的早期阶段，来访者就出现对沙盘底面或"水面"的触及，则可能表示对一个更深处的内在滋养方面的触及。我们还需要注意，"水域"是否被明确无误地用作水，是否有房子、树及鱼等被置入其中。有时，像鱼类等生活在水里的动物及物体被置于水之外，这可能表示来访者未发展完全的区辨能力。有时来访者以其他方式使用蓝色底面，例如创造一个干净、整洁的环境或场域等。究竟如何阐释蓝色底面的用途，在很大程度上取决于来访者的背景和他当时的心境，需要聆听他的故事和表述。

（6）场景的分析。沙盘中的场景是动态还是静态也有着重要意义，比如马儿跑过一个平地、有人在路上行走、河流中有船行驶、街道上川流不息等，说明沙盘是动态的；但如果沙盘中没有运动或者运动遭到阻塞，如交通堵塞、狭窄的围栏内有许多马匹、无河流流入或流出的湖泊、被围住的部分没有大门进出等，就是静态的沙盘。这种封闭系统表明来访者需要安全、专注、界限，或是表达一种能量的阻滞。

（7）沙具及场景各部分之间的关系。来访者所使用的各个沙具是否相互关联，彼此之间是否相互作用，或它们是否更多的是单独放置、相互分离，都是十分重要的"诉说"。这些可能表明来访者在与他人的关系中感受如何，或他如何把心智系统的内在部分相互关联。

有时我们还可以观察到来访者所表达的关系的特性及类型，什么关系类型（母—子、父—子、男—女、人类—动物、支配—服从、好斗—友谊等）占据优势，以及在沙盘游戏过程中它们是如何变化的。

对于关系，我们可以注意观察来访者的作品中是否出现桥梁，桥梁是否连接某些事物，或者它们是否在场景之中发挥作用。如果一座桥将相同部分连接起来，则表明低能量，或无力做出决定；如果衔接起特质迥异的各方面，则表明有更多能量。

（8）分化的水平。沙盘场景的分化水平，可能是对自我发展水平及其强度的一个指标。我们常常看到儿童来访者，从把沙具倾倒入沙盘、似乎是胡乱地放置沙具或作战双方不明的混乱战斗场景，到组织良好、有清晰的区分及分类的场景。比如一个动物园可能意味着本能层面的积极分化，或是对本能的一种严苛的控制态度。再如圆圈布局，依据大小或颜色的分组，混合堆积的动物、车辆、人物等似乎朝向一个方向，表明在更原始的层面上寻找一种秩序原则。

（9）对象征意义的解读。对一个场景中的各个沙具或主题的特定象征意义进行解释，需要熟练掌握童话、神话、宗教以及梦等诸多领域中关于象征的知识。任何象征都可能有积极与消极两个方面，此外还有多种多样的可能意义。要确定沙盘游戏中的某个象征可能表示什么，我们就需要有能力把自己关于象征的知识与来访者的具体场景及情境联系起来。我们必须根据每个个案的情况，确定这个象征的特定意义是否适用。虽然象征辞典经常提供重要的信息，但也不能盲目使用。而且，面对来访者选用或制作的沙具，任何个人的联想及情感反应都必须被慎重对待。不排除这样一种可能性：来访者无意识地赋予了某个沙具某种意义（因学习其在神话中的各种意义而获得），这超出了他个人的意识联想。

（10）与意识的接近。对沙盘作品呈现的场景，咨询师需要从它们与意识的接近程度来加以考虑：它们所表征的是日常场景，还是发生在遥远时空中的场景？是发生在想象空间中，还是发生在一种想象与现实混合的层面中。

（11）以整体过程为背景做出解释。这是要点之一。对一个场景的理解，必须与在它之前及之后所出现的各个场景相联系。例如，一个内心混乱的人，在一系列非结构化场景之后，创造出一个秩序良好的景象，这就可能是一个巨大的成就；而一个曾经创作非常空旷场景的抑郁症患者，用绿色植物创作一个生机盎然的场景，也可能是一个非常积极的体验。因此，咨询师去理解和解读来访者的每一个沙盘作品时，必须时时想到先前的场景，并精确地观察它们的变化。

（12）关于咨询关系的解释。沙盘游戏也可以反映来访者与咨询师之间的关系。通常，我们倾向于谈论"关系"而不是"移情"与"反移情"，因为它是一个互动的过程。出于相似的理由，布莱德温选择了"共情/共同移情"这个词语。

自性的显现是关系发展的自然结果，这种关系则取决于自由与保护的空间的质量，也可以被视为对"深层移情"的表达，那是来访者的"自性"与咨询师的"自性"之间的一种关系。日本的河合隼雄在一次演讲中，曾将"深层移情"与"强烈移情"区别开来。他解释说："深层移情的发生是从人的'中心'至'中心'，后者在日语中被称为'原'，位于腹部区域。'强烈移情'则可能包含强烈的情感，如愤怒及欲望，而且更加外倾。"沙盘游戏中所表现的沙具之间或是客体之间的关系，可能表明了来访者在与咨询师连接时是轻松的还是困难的，并反映了咨询师意识或无意识反应的效果。

有时，来访者有意或无意地选择特定的沙具，以此来表达出咨询师的特质。一方面，它们可能携带着来访者的情感投射，这些感受被来访者的父母及其他有影响的人所制约；另一方面，它们可能准确地反映了咨询师的特质，这些特质表现在咨询师对来访者的感受做出的个人回应中。因而，确实也可以把沙盘游戏的内容，理解为对移情与反移情（布莱德温所称的共同移情）的反映。布莱德温在自己的文章《沙盘游戏治疗中的移情与反移情》（*Transference and Countertransference in Sandplay Therapy*）中，使用"共同移情"这个术语来表达来访者—咨询师关系中活动与反应（包括双方意识与无意识的感受，以及积极与消极的感受）的同步特征。

（13）情绪和情感反应。一个沙盘作品是否给我们一种寒冷、温暖、愉悦、悲哀、压迫或迷惑的印象，我们是否以一种不耐烦的、自我保护的、恐惧的或如释重负的感受去做出回应，把这些感受与我们自己的人生处境及经验相关联，有助于帮助我们意识到自身的投射，并觉知到自己的反移情。为了识别出自己的投射，我们还有必要把自己的反应与来访者的感受相比较。

（九）沙盘游戏适应人群

每一种心理咨询模式都有其特点，沙盘游戏亦如此。多年的实践证明，沙盘游戏较适合帮助以下人群解决心理问题。

（1）沙盘游戏特别适合儿童。因为在创造性的游戏和数量庞大的玩具中，能让他们产生玩耍兴趣和一种持续的快乐，这也因为他们对所使用沙具的象征性语言仍保持着一种天生的理解力。对儿童自闭症、多动症、拖延症、攻击行为、注意力不集中、自控能力差、抽动、遗尿、网瘾、厌学、人际关系不良、抑郁症、恐惧症等特别适合，因为沙盘游戏能触及儿童内心深层的问题，这使得他们在游戏中能平衡外在现实和内在现实，逐步达到自我疗愈，从而改变行为。

（2）根据沙盘的原理和神奇的作用，也特别适合成人，尤其对一些神经症如焦虑症、抑郁症、强迫症、恐怖症等很有效果。同时，对有感情困扰、择业、工作压力过大，夫妻关系等问题也有很好的效果。

（3）适合无法用语言表达自己内心困惑的人群。

（4）适合对企业人员、学生、教师等多类人群进行团体治疗，为人们提供一个学习适应和感悟他人心理的途径，对增加团队凝聚力、加强人际关系有益处。

（十）咨询师的角色定位

（1）心理容器。对来访者发生在咨询室内的所有状况都可以容纳。来访者往往是带着许多心理问题前来沙盘游戏治疗室寻求帮助的，或许正是由于其所遇到的心理压力和困惑，超出了其原有的承受力，才促使他寻求心理治疗。一旦开始做沙盘游戏，就很容易将其心理问题表现或投放在沙盘中。从本质上来说，不是沙盘在承受或容纳来访者所呈现的问题，而是咨询师。

（2）联结者。沙盘游戏是自我探索的过程，是在无意识层面工作，当来访者开始制作沙盘的时候，沙盘游戏咨询师在承受、容纳和守护的同时，也能透过自己的专业素养、专业技能，发挥共情的力量，做一个联络者，包括联结来访者和他的沙盘，联结意识与无意识，联结沙盘与现实世界。

（3）守护者。陪伴并守护整个沙盘过程。当来访者开始做沙盘的时候，沙盘游戏咨询师要能起到陪同的作用，守护着来访者。当来访者感觉到自己不是独自一人（无论他处于悲伤中还是处于喜悦中）在表达自己的所有情感时，他能感觉到自己是自由的，同时又是受保护的。这种信赖关系可以重建一个母子结合体。这个心理的情境能够帮助来访者获得内心的安宁，而这种安宁包含了整个人格发展的潜力。

（4）观察者。静默地见证整个沙盘过程。来访者在沙盘游戏过程中所有的表现与细节都在呈现其所蕴含的心理、行为乃至无意识生命的故事。咨询师用心去观察沙盘制作的每一个细节，同时，咨询师本身也是需要观察的一部分。比如，当面对来访者进行沙盘游戏的时候，咨询师所有的反应，不管是情绪、情感的，还是认知和行为的，也都在观察之列。

（5）火炬手。点燃并促进来访者内心自我疗愈的力量。咨询师的任务就是去感知这些力量（自我治愈），并在其发展过程中像守护一件珍品般地去保护它们，对于孩子而言，咨询师代表着守护者，代表着空间，代表着自由，同时也代表着界限。

因此，要成为一名沙盘游戏咨询师，需具备两个特别的条件。一是对于象征性的理解；二是能够建立一个自由和受保护的空间。卡尔夫认为，作为沙盘游戏咨询师，除了心理学的基础和训练之外，还必须具备上述重要的能力或素质。更为重要的是，沙盘游戏咨询师本身必须对这些象征性有所体验，才能在充满象征性的沙盘游戏过程中，有效地陪同来访者，和来访者共同探讨。

一粒沙就是一个世界，反映着智者的思考和智慧；沙盘中展现出美妙的心灵花园，则是沙盘游戏的生动意境。把无形的心理事实以某种适当的象征的方式呈现出来，从而获得治疗和治愈，创造与发展，以及自性化的体验，便是沙盘游戏的无穷魅力和动人力量之所在。

第四节　表达性游戏

一、表达性游戏概说

表达性游戏是指咨询师借助某一种或某几种艺术媒材，以心理学为基础，支持来访者将抑制在心灵的负性情绪或困惑在游戏中安全释放或改善，进而促进其人格发展而设计的游戏。

游戏作为一种专门的心理咨询服务方式，其作用已经得到临床工作者的广泛认可，特别是在干预儿童问题方面。那么游戏在心理咨询工作中是怎样发挥作用的呢？

（1）来访者通过游戏演绎出自己的感受。在游戏中，来访者可以通过媒材来表达那些现实中不能说的话，或者表达那些难以言表的情感。咨询师将这种信息以游戏的方式反馈给来访者，使其能够觉察或意识到自己的情感与经验。

（2）咨询师有机会去了解来访者对此经验的反应、感受及想法。在游戏过程中，来访者的问题会转移到游戏媒材上，可以减少心理抗拒，尤其是儿童或强制性来访者。因为咨询师是以既轻松又有趣的游戏方式和来访者建立同盟，来访者不会感到威胁。

（3）来访者能够在游戏中重新整理自己的感受，使情绪得以缓解，学习如何与他人相处以及获得解决问题的新方法。

总之，在游戏咨询过程中，来访者在咨询师的协助下处理自身的问题，学习如何用建设性的方式来表达想法及感受、控制自己的行为、做决定，以及担负责任。因此我们说，游戏咨询模式是一种系统地运用相关理论，通过咨询师设计或引发的游戏活动，帮助来访者解决心理困境或行为困惑，以促进来访者成长和发展为目标，最终实现来访者的人格完善。

（一）游戏咨询模式的发展

游戏由娱乐活动发展成一种心理咨询技术，归功于许多心理大师的尝试和创新，其中精神分析学派对其发展贡献最大。

1909年弗洛伊德治疗小汉斯对马的恐惧，是文献记载中最早以游戏进行心理治疗的案例。弗洛伊德并没有直接治疗小汉斯，而是透过其父亲描述小汉斯日常游戏的状态，再依据资料对其父亲解释潜在的冲突，并提供治疗建议。弗洛伊德相信游戏是无意识和冲突的重现，在形成控制感和净化情绪的过程中扮演重要的角色。

弗洛伊德之后，精神分析学派的心理学家都相继将游戏纳入儿童心理咨询中。1919年，哈葛-赫尔玛斯（Hermine Hug-Hellmuth）首次正式在心理治疗中运用游戏，她通过游戏与儿童建立咨访关系，并在游戏中与儿童的无意识进行交流。其后，安娜·弗洛伊德在咨询的准备阶段使用游戏，并通过在游戏中与儿童的互动来建立彼此之间的工作联盟。另一位精神分析学派的咨询师克莱恩（Klein）则将游戏作为一种治疗方式在对儿童的心理治疗中直接使用。她视游戏为儿童无意识的一种表达，透过此种与"自由联想"相类似的形式，咨询师便能直接对儿童进行治疗和干预。

1938年，结构主义游戏咨询师莱维（Levy）提出了释放疗法（Release Therapy）。该方法为患有应激障碍的儿童提供材料以及玩具让其重建应激场景，并在咨询师的支持下帮助其反复模拟和重现应激事件，其目的在于宣泄并去除儿童的负性思维和情绪。同年，所罗门（Solomon）也提出了积极游戏疗法（Active Play Therapy）。在积极游戏疗法中，咨询师通过与儿童的互动指导儿童，并注重发展儿童适宜社会的行为。同时所罗门强调塑造儿童的时间观念，促进现实生活和过去的应激创伤事件的分离。

个体心理学创始人阿德勒认为，儿童可能会因为过往经验不够而采用不正确的方式看待既定的现实。因此，依据个体心理学理论观点，阿德勒提出，游戏咨询师需要在游戏中帮助儿童从其他的角度来看待问题，从而改变不利于其自身发展的观点和现状。

后来，人本主义心理学家罗杰斯（Rogers）的学生亚瑟兰（Axline）提出了以儿童为中心的游戏治疗模式。亚瑟兰认为游戏治疗存在两种模式，指导性游戏治疗和非指导性游戏治疗。指导性游戏治疗强调对儿童的心理指导而否定了自我成长的力量；非指导性游戏治疗对自我成长的力量给予了肯定，并认为游戏咨询师应为儿童提供一个温馨的发展。基于非指导性的思想，在以儿童为中心的游戏治疗过程中，咨询师需要将儿童在解决自己的心理和情绪问题时所遭遇的阻碍降至最小，并通过对儿童无条件的积极关注来营造宽松且有利于儿童发展的治疗环境，让儿童自己解决发展中所遇到的问题。

20世纪70年代后，几个成人心理咨询流派也发展出游戏治疗取向，包括认知行为游戏治疗、完形游戏治疗、家庭游戏治疗、折衷主义疗法等。

今天，游戏已经发展为重要的儿童心理咨询技术之一，并成为一门独立的心理专业手段。1982年，美国游戏治疗协会成立，标志着游戏治疗步入了一个全新的发展阶段，游戏不再局限于扮演儿童心理干预中的辅助角色，而是成为儿童临床干预的重要手段。当然，随着游戏咨询方式的发展与丰富，它也已运用到成年心理咨询工作中。

（二）游戏咨询模式的优势

相比于谈话类咨询模式，游戏咨询模式更适合儿童。当然，也有一些游戏比如"情绪图表""烦恼石"等有关情绪探索和调控类的游戏，也适合于成年人。

我们知道，儿童由于认知、语言功能的限制，很难像大人一样用语言自由地表达自己内心的感受。这就决定了以谈话为主的治疗方法在儿童心理辅导中难以实施，并且作用不大。而游戏治疗相比于谈话疗法，能够更好地实现认知、行为及情绪功能的调动。

游戏是一种有效的表达媒介。游戏咨询中，游戏是儿童的语言，而媒材便是儿童使用的词汇，因为在游戏中，儿童处于一种放松的状态，此时，他容易自由地表达自己的内在感受，而较少出现阻抗。表达与宣泄本身便具有治愈的作用。

游戏是一种具象化的表达。研究表明儿童在11岁之前很难完全掌握抽象推理和抽象思考。人类语言的本质是抽象的，而儿童的世界是具体的，游戏是儿童具体的表达方式。即便是最正常且能力突出的儿童也会在生活中遇到一些难以克服的障碍。但是，当他通过游戏把问题表达出来以后，他就可以一步一步地应付，最终把问题解决好。

游戏是一种无意识的表达。儿童经常会使用可能连他们自己都难以明白的象征性玩法，因为他们的行为都是由内在心理过程做反应，而他们的内在心理过程的起源可能被深埋在无意识里。经过严格培训的咨询师的做法是用巧妙的回应和反应技巧和孩子一起工作，以达到治疗目的。

（三）游戏模式适宜处理哪些问题

儿童在不同的发展阶段会遇到不同的问题，如行为问题、情绪问题、注意力问题、分离焦虑问题等等，实践证明，游戏咨询模式可广泛地用于各类儿童心理与行为异常的干预。

二、表达性游戏实践方案

表达性游戏是无限的，只要咨询师确定与来访者的互动是游戏模式，就可以依据案情实际去设计解决问题的游戏。所以，这种咨询模式对咨询师的创新能力有比较高的要求。因此，我们不可能把所有的游戏方案都在这里做全面的介绍，在此仅介绍一些典型的在实践中效能很高的游戏方案和比较不容易理解的游戏方案。

（一）处理情绪的游戏

情绪图表

材料：A4纸、彩笔。

操作：

第一步：请来访者把一张A4纸横放，从左至右分成4~8栏。（依据来访者的年龄而定，4岁以下4栏）

第二步：每一栏代表一种情绪，比如快乐、悲伤、紧张、气愤、害怕等。如果来访者年龄较小，咨询师可以引导来访者给出2~3种情绪，剩余栏位由来访者自己填写上。一般5年级以上的来访者就完全可以自己找出8~10种与情绪相对应的词语来。

第三步：请来访者给自己的每一种情绪选择一种色彩，并在相应的栏位中涂色。如果某种情绪非常强烈，就在代表该情绪的栏位中用代表色涂出很高的色块；如果某种情绪不是很强烈，在代表该情绪的栏位中就不用涂得太满。例如孩子说此时很快乐，他就可以用选出的代表色把快乐栏位全部涂满；

如果他不觉得悲伤，那么就可以用对应的颜色在悲伤栏里画一条很细的线。

第四步：当情绪图表完成后，咨询师依据图表与来访者共同探索并讨论其情绪。

案例分享

6岁的晶晶因总是莫名其妙地乱发脾气而被爸爸带来咨询。她按照上述程序完成情绪图表后（见图225），咨询师与她开始会谈。

图225　情绪图表

咨询摘录

咨询师：这个颜色怎么了？（咨询师指着涂得很满的粉色栏）

晶晶：开心。

咨询师：什么事情使你这么开心啊？

晶晶：当爸爸和我玩儿的时候，我就很开心。

咨询师：那这个颜色怎么了？（咨询师指着黑色栏）

晶晶：愤怒。

咨询师：什么事情会使你愤怒啊？

晶晶：我不喜欢滑雪，可我爸爸妈妈非要我跟他们去滑雪。

咨询师：哦，你不喜欢滑雪，可爸爸妈妈非要你去滑雪时你就会愤怒，是吗？

晶晶：是的。

咨询师：那你告诉爸爸妈妈了吗？

晶晶：没有。

咨询师：你不喜欢滑雪，滑雪让你不开心，是什么原因让你不想告诉爸爸妈妈呢？

晶晶：他们根本不听我说啊。

咨询师：爸爸妈妈不是你，你不说他们怎么会知道呢？

晶晶：哦（若有所思）……（突然低下头）可真够烦的。

咨询师：什么事情会让你烦呢？（咨询师指着绿色通道，上面写着"烦"字）

晶晶：为什么他们说的话我就必须听，而我说的话他们从来不听？

……

附记

咨询师在与来访者对话中，尽可能探索来访者为何产生某种情绪，并支持来访者在游戏中"吐露真言"，找到改善情绪的办法。切记：多使用开放式语言，"剥洋葱"式策略，少用"为什么"。

游戏理念

压抑的情绪看不见、摸不着，有时还说不清，如果能被具象和讨论，它就可以被觉察和释放。"情绪图表"使用色彩和"高度"把抽象的情绪具体化，并通过轻松的游戏方式让咨询在"润物细无声"中完成。

烦恼石

材料：大小不同的石块（见图226）。

操作：把石头按大小分成三堆。

第一步：咨询师说自己遇到了一个小麻烦，同时拿起一块小石头，然后再说出一个大麻烦，同时拿起一块大一点的石头，以说明我们每个人都会遇到烦心事儿，无论大人、孩子都会有烦恼，这些石头就代表我们的烦恼。石头有大有小，我们的烦恼也有大有小。当我们无法向别人诉说时，烦恼就会越变越

图226　烦恼石

大；若有人愿意聆听我们的烦恼，烦恼就会变得比较小。我今天进入办公室时，才想起没有带茶叶，所以，一整天都得喝白开水。那你今天有烦恼吗？你的烦恼是什么呢？

第二步：鼓励来访者说出自己的烦恼。

第三步：在来访者表达过程中，咨询师开始咨询谈话。

可引导来访者说出烦恼，并为他们举例参考。如小烦恼有：①把新鞋子弄脏；②弄丢铅笔；③把本子撕破；④忘记带水壶。中烦恼有：①担心自己不漂亮；②无法和伙伴一起游戏；③常常迟到；④家长对自己发脾气；⑤因爸爸妈妈吵架而感到忧虑；⑥因自己生气而烦恼。大烦恼有：①无法专心；②害怕失败；③担心爸爸妈妈离婚；④害怕爸爸或妈妈不再喜欢自己；⑤担心爸爸或妈妈不高兴；⑥担心同伴不喜欢自己；⑦忧虑死亡。

案例分享

一位爸爸求助，说小学二年级的冲冲性格不好，在学校的人际关系有问

题，总惹事。爸爸带着孩子吵着架走进咨询室。聊了一会儿后，咨询师把5块石头摆放在桌子上。

咨询摘录

咨询师：我每天都会遇到烦心的事儿，比如我经常丢笔（把最小的一块石头拿出来放在一边），这算个小烦恼；可是我有时会把钱包弄丢（把那堆石头里第二大的一块石头拿出来和那块小石头放到了一起），这可是令我比较烦恼的，因为钱包里有身份证，有银行卡、信用卡，钱包丢了，卡和身份证也就全丢了，就得去银行补卡，去派出所补办身份证，特别麻烦。你有这些烦恼吗？

冲冲：这（拿起那块最小的石头）对我来说就是丢了一块橡皮。这（又拿起一块稍大一些的石头）对我来说就是小饭桌的菜。

图227 咨询中

咨询师：小饭桌的菜怎么了？

冲冲：小饭桌的菜不好吃，我一点儿都不想吃。这块是我不喜欢我妈妈吵架（她又拿起一块更大的石头）。

咨询师：你告诉过妈妈你的想法吗？

冲冲：没有。

咨询师：那妈妈怎么会知道你的想法呢？

冲冲：我想她应该知道。

咨询师：你没有告诉妈妈，她怎么会知道呢？

冲冲：因为妈妈不是喜欢吵架的人。那天是因为遇到了一个不讲理的人，妈妈才和他吵起来的。

咨询师：我明白了。

冲冲：（拿起最大的一块石头）这个是无赖。

咨询师：无赖？

冲冲：是啊，我们班就有几个无赖，我都不搭理他们。

咨询师：他们对你不友好吗？

冲冲：我才不怕他们呢。还有我们家也有一个无赖。

咨询师：你们家谁会是无赖呢？

冲冲：就是那个人。

咨询师：哪个人？

冲冲：就是刚才出去的那个人。

咨询师：你爸爸？他怎么会是无赖呢？

冲冲：他就是个无赖，他从来不管我，也不给我生活费。

……

接下来冲冲告诉咨询师，她有一个同父异母的弟弟。比她小两个月。爸爸每个周末来看她时都会和妈妈吵架。

附记

咨询师后来经与冲冲妈妈沟通，确认一切属实。原来妈妈怀冲冲两个月时爸爸出轨有了另一个孩子，虽然冲冲的爸爸妈妈没有离婚，但因出轨一事不在一起生活已有 8 年了。男孩的妈妈也离开了冲冲的爸爸，现居住在国外，男孩由他的外婆养育，冲冲和妈妈住在冲冲外婆家。这种家庭环境使得孩子不能获得内心的宁静，因此总在学校惹事。若不是"烦恼石"，孩子怎么可能把故事讲得如此淋漓尽致呢？

游戏理念

石头的大小、形状、重量给人带来真实感，把抽象的烦恼变得具体，石头可以被观察和触摸，不仅可以减轻来访者烦恼的程度，而且最终可帮助来访者消除烦恼。

愤怒的纸巾

材料：蜡笔 1 盒、铅笔或签字笔 1 支、整开白纸 1 张、A4 纸若干、双面胶若干、面巾纸 1 包、装有水的盆 1 个。

操作：

第一步：请来访者画出令他愤怒的情景、人物或物品，并涂色。

第二步：把整开白纸贴在墙上，然后把画好的图案用双面胶贴在上面（高度与儿童的视线平齐）。

第三步：把面巾纸浸在水里。

第四步：拿起一块面巾纸，挤出多余的水分（还要保留相当的湿度，目的是能粘在画上），砸向图画。

第五步：一块接一块地砸，直到觉得发泄完怒气为止。

案例分享

小K，初中一年级女生，自己说是因为鼻子大，经常被同班几个男生嘲笑，重度抑郁，前来咨询。

咨询摘录

小K：（戴着一个黑色口罩）我知道我长得不好看，我的鼻子大，他们（班级男生）总说我"你的鼻子这么大，你是×××（一个男影星）的私生女吧？"我知道私生女是个不好的词。

咨询师：当他们这样说时，你有怎样的感受？

小K：我什么都没说，可我很生气。

咨询师：如果你告诉他们你很生气，会怎样？

小K：（流泪）他们会更大声地嚷嚷，会有更多的人听到，也会有更多的人笑我。

咨询师：（在来访者面前放了一张A4纸）来，把那个坏家伙画到这张纸上，想画多丑就画多丑。

（小K迟疑了一下，拿起笔来开始画。）

（咨询师在小K画画的时候，将一张大白纸贴在墙上，并准备了水碗和纸巾。）

小K：我画好了。

咨询师：你要给人像涂色吗？

小K：可以吗？（拿起一支黑色蜡笔，将人像全部涂黑，并在画像上面又打了一个红色的"×"。）

（小K按照咨询师的指导，把画像贴在大白纸上，然后抽出一张纸巾，在水碗里浸湿，砸向人像。）

小K：（边砸边说）你有什么了不起的，你长得多好看吗？你个丑八怪……（一块，一块，又一块……黑色和红色的蜡笔颜料被纸巾砸得"血肉模糊"，不一会儿，画像就被纸巾覆盖住了。小K擦了擦手，摘下了口罩）太解气了！

……

附记

愤怒是少年儿童常见的情绪。但他们通常无法用语言表达自己的感受，当我们直接询问，他们也许找不到正确的词语回答或拒绝回答。所以，通过游戏帮助来访者发泄怒气，是建立良好咨询关系的最好方法之一。

游戏理念

少年儿童被长者指责或批评的反应多是把委屈和愤怒压抑在身体里，因为发泄出来可能会带来某些惩罚，所以只能压在身体里。我们发现，少年儿童玩水、沙等这一类感官媒材，是帮助他们发泄情绪的最佳方法：一是感官刺激通过触觉引发内在感觉，可以与自己做个联结；二是身体动作促进肌肉放松，缓解愤怒。

（二）解决问题的游戏

我的脑袋

材料：A4纸2张、各色彩笔、铅笔。

操作：

第一步：咨询师在A4纸上画一个尽可能大的椭圆。

第二步：请来访者在椭圆外列出头脑里重要事件清单。

第三步：请来访者依据清单在椭圆里划分区域块，每一块区域都是头脑里思考的一个重要事件，区域大小依据"考虑程度"划分；思考程度高区域就大，反之区域就小。

第四步：把每个区域涂一种颜色。

第五步：讨论。

案例分享

小Z，小学五年级男生，在学校常丢三落四，丢水壶，丢红领巾，丢校服，因而接受咨询。

咨询摘录

咨询师：（在A4纸上画了一个大椭圆）瞧，这是你的脑袋，比同学的都大，因为你是你们班最聪明的人。我们现在看看这聪明的脑袋里每天会想什么。

小Z：红名单（受表扬）、白名单（受批评）、回家、上体育、足球、学习、睡觉、做家务、书包、水壶、课表。

咨询师：（在小Z说的时候，就把这11件事记录在了"脑袋"左侧空白处）真棒！你每天想这么多事！来，把你想的每一件事在"脑袋"里分分块，想得多，面积就大一些，想得少，面积就小一些。

（小Z分好模块，见图228）

咨询师：咦？好像少了。

小Z：少了？我看看。（他数了数咨询师记录的11件事又数了数自己分的模块）落了一件事。

咨询师：你确定一件吗？

小Z：（又数了数）哦，两件。

图228　我的脑袋

咨询师：发生了什么，哪两件事给落了？它们不重要吗？

小Z：不是，是因为我没有挨着数。

咨询师：你真的很聪明，马上就能找到原因。

小Z：这次大意了。以后挨着数就不会落了。

咨询师：太棒了！那么，现在请你给每一块区域用一种颜色涂色吧。

（咨询师注意到小Z涂色时不够踏实，随后给他进行了5次冥想配合其他游戏，他的"毛糙"明显得到了改善。）

附记

在咨询过程中，咨询师了解并确认来访者的所思所想所烦是一件很困难的工作。引导来访者将所想画出来，咨询师依据经验能很准确地抓住问题的症结，并可以有效地开展工作。

游戏理念

通过脑袋里想的事件发现儿童的问题，增进儿童的自我意识，确认无法以口头表达的议题；如发现花太多脑力在负性事件，尤其是他们无法改变的事情上时，可以通过谈话帮助他们把精力放在正向事物上。同时，鼓励儿童建立对自己脑部运作的好奇心，先把注意力集中在想法上，然后扩展到生活中的感觉，降低其防御。

（三）提升自信的游戏

我的手

材料：A4纸1张、签字笔1支。

操作：

第一步：咨询师对来访者说："来，给我看看你的手。我看，你的问题要自己动手解决啊。"然后请来访者把一只手五指张开平放在白纸上。

第二步：用铅笔把来访者的手的轮廓描画下来。

第三步：请来访者把问题写在手心处，如果儿童不会写字，可以使用图画或符号，咨询师也可以代写。

第四步：咨询师与来访者讨论解决问题的方法，尽可能找到5种解决方法，一种方法写在一根手指上，然后将每一种解决方法的优势和劣势分别写在手指的右侧和左侧。

第五步：充分讨论后，最终决定使用哪一种方法来解决问题。

第六步：咨询师为来访者点赞："太棒了，你用自己的手解决了自己的问题!"

案例分享

6岁男孩东东不愿意与别人分享，因此在学校没什么朋友，父母因此带他来咨询。

咨询摘录

咨询师：什么在找你的麻烦?

东东：说到做不到。比如我没有和朋友分享糖果，妈妈说我做的不对，我说下次再给小伙伴分享；可到了下一次，我又舍不得啦。

咨询师：你好聪明啊，能够把事情讲述得这么清晰，你一定可以解决所有的问题。来（把一张A4纸放在他面前），你的问题还需要你亲自动手解决（请他张开五指平放在A4纸上，将他的手掌描画下来，然后把问题"说到做不到"写在手心上），现在请你想想用什么办法解决这个问题呢?

东东：我没有办法啊。

咨询师：想想看，你这么聪明，一定能想到办法。

东东：那，我想一想。

咨询师：你想到的第一个方法，可以写在小拇指上。

东东：啊？我不会写很多字。

咨询师：没关系，你可以用图画或符号表示，可以吗？

东东：我想到了一个办法，下次如果做不到，放学就不能看电视。（他在小拇指上画了个电视）

咨询师：你真是聪明！好事成双，再想一个办法吧。

东东：啊？那，那就惩罚我每天扔垃圾。（他又在无名指上写下了垃圾的拼音）

咨询师：厉害，厉害！这么轻松就想出了2个办法。不过一般来说3个方法中优化出来的方法才是最好的办法。

东东：明白了。（他又在中指上写出了第三个方法）

咨询师：你真是我见过最聪明的孩子，你看5根手指中3根都有办法了，你可不可以在最后两根手指上也写上办法？

东东：啊？可我找不到那么多种方法。（他边说边在食指和大拇指上写出了办法）

咨询师：你真的很能干！那么哪一种办法最好呢？现在我们来分析一下，把每种办法的优势写在手指的右侧，劣势写在左侧，好吗？

东东：（边和咨询师讨论边写上他创造的符号和拼音，最后仅有中指上的办法只有优势没有劣势，于是得出了结论）那我就采用这种办法吧，由妈妈监督，说到做到后一次奖励1张贴画，得到5张贴画可以吃一次零食或看一次动画片，15张贴画可以换一朵红花，100朵红花可以让爸爸妈妈满足我一个心愿（见图229）。

......

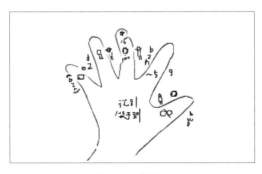

图229　我的手

附记

东东和爸爸妈妈一起经历了游戏的过程，后来家长和孩子的沟通方式也有所改变，东东很快有了进步，在学校也结识了许多好朋友。

游戏理念

在这个游戏中，咨询师的语言及与来访者的讨论方式很重要——没有任何痕迹地给予来访者自信力。该游戏也适用于解决中、大学学生的适应问题、人际问题、学习问题等。

撕卫生纸

材料：卫生纸每人1卷（或纸巾每人1包）。

操作：

第一步：设定好时间，咨询师和来访者以段为单位从卷纸上往下撕纸，撕下来的放在自己面前（若使用纸巾，按块计数）。如用于团体，每人都要同时开始。

第二步：停止撕纸后，数一数自己撕下来的纸块数量。

第三步：根据撕下来的纸块数量，每人轮流说出相应数量的自己的优点。

案例分享

P女士，42岁，因发现丈夫有外遇而走进咨询室。

咨询摘录

P女士：我知道我不够优秀，我们结婚的时候就是勉勉强强的，这半辈子，唉，我什么都不行。后来也不工作了，就在家照顾孩子，没有了收入，我更是没有地位了，买菜就得向他要钱，他给我20块钱，我就买20块钱的菜，他给我50块钱，我就买50块钱的菜；孩子报班儿的学费，都是给得正好，一分也不会多给。这他还外面有人了，我要是有能力，我就跟他离婚，可我什么都不行，要什么没什么，我也不敢和他离婚……

咨询师：听你的描述，是挺难过的。来，我们玩个游戏先放松一下心情。（给了P女士一张纸巾，自己拿了一张纸巾）等一下我喊开始，咱俩一起开始撕纸巾，时间到了我会喊停，看咱俩谁撕的张数多。

P女士：这简单。

（开始后，咨询师故意慢慢地撕，P女士先撕成条，然后把条撕成块。游戏停止，来访者撕了46块，咨询师撕了12块。）

咨询师：我们撕了多少块，就有多少个优点。来吧，咱俩一个一个说。

P女士：（突然一个惊奇的表情）我哪里有这么多优点呀。

咨询师：说说看。（说着拿出去一块小纸巾片）我很爱帮助人。

P女士：我特别随和。

咨询师：我做事很讲效率。

P女士：我很勤快。

（就这样一块纸巾片说出自己一个优点，几十块纸巾片，说到后来，来访者找不到那么多优点，咨询师帮她找，直到说完。）

P女士：天哪，几十年了，从来不知道自己有这么多优点。

咨询师：其实你很好，只是你的眼睛里看到的都是老公和孩子，从来没有好好看看自己。

P女士：是呀，我真不知道自己有这么好。

咨询师：此刻感觉如何？

P女士：好像重获新生。

……

附记

大家一般都认为游戏适合疗愈儿童，其实成人也适用。所有人内心都住着一个"小孩"，人人都喜欢轻松愉悦地交流。这就是游戏疗愈的奇妙功能。

游戏理念

本游戏是鼓励自卑的来访者看见自己的"伟大"，所以在撕纸过程中，咨询师要注意放慢速度，一定要比来访者撕的纸块数少。

我的故事书

材料：A3素描纸每人1张，12色彩笔，铅笔，双面胶共享。

操作：

第一步：将A3纸对折2次。

第二步：如图230所示，沿中缝剪开1/2。

第三步：开口两端相对挤紧，前后出现两个双页（见图231），然后将它们分别向右和向左折过去，压实（见图232）。

第四步：将正面开口页用双面胶粘住。

第五步：请来访者自主绘制一本故事书，参考正式出版物，将书名、作者名（来访者的名字）、出版社、页码等内容标明。

图230　我的故事书1

图231　我的故事书2

图232　我的故事书3

案例分享

一个小学四年级的男生G，经常和妈妈发生冲突。爸爸无奈之下带他前来咨询。

咨询摘录

咨询师：你会做图书吗？

G：（一脸不高兴）没做过。

咨询师：我很想做一本自己的故事书，你可不可以和我一起做呢？

G：（很不情愿）好吧。

（咨询师带着G开始折叠"我的故事书"，然后咨询师开始画内容，边画边讲封面、封底、内文等。这时G向咨询师要了一张A3纸，开始做他的故事书。做完后，他的情绪已经很平静了。咨询师和G相互分享了故事书。）

咨询师：（指着第一页上G用剑挑起来的那个人）这是谁？

G：他？哼，有什么了不起，不就是个班长嘛，我都不理他。

（看到第二页上画着一个晒衣竿，上面有一件T恤、一件背心和一条内裤。）

咨询师：我知道了，这条小内裤是他吧？

G：（很得意地笑了）就是他，对我来说他就是条小内裤。

……

附记

在6页内文中，G画的每一幅图都与他们班的班长有关，聪明的他还在图的下面写上了几句打油诗。最后一页他自己成了帮主。咨询师通过"我的故事书"发现，他的问题其实不是和妈妈的斗争，而是和班长的对立。可是妈妈每天接他放学，每当听他说学校里的故事，都会指责他，使得G的情绪没有出口，继而把气撒到妈妈那里去了。半年后，G的爸爸拿了几十本G的故事书给咨询师看，他的故事书从最初的连续画班长，已经转移到画自己与朋友踢足球了，有时也会画和爸爸妈妈一起郊游或旅行的故事。值得高兴的是，G学会运用自制故事书来宣泄内心的情绪了。

游戏理念

（1）本游戏对所有人群都有帮助，特别是对那些害羞、不自信、被家人或朋友贴了标签的孩子。通过图书制作，在封面上署自己的名字，儿童在那个当下会"站起来"，这是一个了不起的正向激励。

（2）故事书的内容由来访者自主选择，可以是和家人的一次旅行，也可以是一个心结，或者是某一天的故事、对未来的憧憬，也可以是与女友分手的难过，但不论是怎样的内容，图书制作过程都可以帮助来访者解压、释放情绪。所以，本游戏既是来访者宣泄情绪的出口，又是建立自信的一个"成果"。

小 结

1.通过游戏了解来访者的烦恼，并通过"好的问话"启发来访者获得内在的力量。内在的力量长出来，人就站起来了。

2."好的问话"是咨询效能的关键。"好的问话"是开放式的问话、启发式的问话、有意义的问话、脉络性的问话、赋能的问话、寻找资源的问话、转移时空的问话。

思考与讨论

1.为什么说沙盘游戏与中国文化分不开？

2.沙盘游戏适合什么人群？

3.如何看待表达性游戏？和沙盘游戏相比，这类游戏有何优缺点？

4.如何理解表达性游戏的"设计"？

5.针对儿童心理问题，游戏治疗的优势在哪里？

第五章

玩偶与面具

它是心灵的"替身"

亦是对内部情感

和外部经验的探索

被压抑的问题

在多种艺术媒介中

释放

我们时常从学习者、咨询师以及社工那里听到这样一句话："我怎样可以多获得一些助人的方法？"也有的家长面对不听话的孩子常常很无奈："真是没有办法。"其实如果人类的沟通方法有 N 种，那么助人的工作方法就有 N+1 种，其多样性和丰富性常常让我们感到意外和痴迷。一次在表达性咨询技法工作坊，一位学员惊讶地说："只见过玩偶，可从没听说过玩偶还能用于心理咨询！"这也是我们把玩偶和面具作为独立章节来介绍的原因，除了填补心理咨询方法上的这项空白，还将玩偶和面具咨询模式的基本技术标准化。这些标准化技术可以为心理干预，特别是儿童问题改善提供一个框架。学习者也可以在实际工作中勇于挑战和创新，不拘泥于本书的方案，加入个人的实践经验，借助玩偶和面具演绎出丰富的艺术性表达方法，使助人工作无论对来访者还是对自己都更加有意义。

第一节　玩偶与面具在心理咨询中的价值

一、关于玩偶与面具

玩偶与面具在心理咨询领域是一个跨学科的、需要咨询师不断构思创意或进行创造性工作的咨询方式，也是帮助儿童成长并达到较高心灵层次的一种形式。它往往包括两个环节：第一个环节主要是协助（不是替代）来访者自主制作玩偶或面具。从教育的作用来说，艺术创作的本身即自我教育，在过程中，儿童的想象能力、创造能力、联想能力和审美能力可以得到升华；从心理学方面来讲，艺术创作本身即心理治疗，在制作玩偶或面具的过程中，个体情绪上的冲突或困扰可以得到缓和（自我疗愈），同时也可以维持个体内在世界与外在世界的平衡及一致性。第二个环节是依据制作的玩偶或面具进行对话，或是依据来访者的问题进行偶剧表演。

咨询师在选择方案时首先要确定来访者的性质——是个体还是团体。一般来说，个体适用于对话模式，团体两种方法均可。其次，咨询师要考虑来访者的需求和能力。玩偶和面具虽适合不同年龄的人群，但是儿童、成人和老年人的经验不同，活动方案还需做适当调整。比如，儿童喜欢多种多样的媒材，但是过于复杂的他们无法独立完成，如6岁以下的儿童就很难独自完成悬丝偶的制作；老年人则喜欢和家庭、回忆有关的创造性体验。因此，书中提供的方案在理念不变的基础上可以调整作品。在处理个案时，我们还是建议"按需供给"效果会比较好。

玩偶与面具可以用于对来访者情感情绪和人格的探索，也可以用于角色扮演，帮助来访者释放出在其他场合被抑制的问题或不易表现出来的状态。因此，玩偶和面具活动的第二个环节是咨询师与来访者共同工作的过程，也是咨询工作的重点。在这一环节，咨询师问话的深度彰显其文化底蕴和哲学思考的深度，也关乎咨询效果的好坏。

二、玩偶和面具的功能

一是可以迅速与来访者无障碍交流。在日常的咨询会谈中，咨询师可能会遇到各种各样的阻力或阻抗问题，从本质上讲，来访者的阻抗一部分是源于其心灵内部。众所周知，良好的、具有建设性的咨询关系是咨询效能的基础和保障，表达性咨询——玩偶和面具模式恰巧是从制作开始，而不是从谈话或探索问题开始，这样可以减少来访者的阻抗，尤其是非主动的或消极的来访者。

二是可以直接聆听来访者的心声。玩偶与面具的制作过程是来访者问题投射的过程，很多来访者都发现自己做的玩偶的面容与自己很相像。因此，玩偶的神态、色彩、衣着的款式等都在讲述着来访者的故事和压抑在内心的问题，玩偶就像是他的代言人，咨询师通过玩偶便可以聆听到来访者的心声。

案例

比如，一个和妹妹打架后总是挨打的5岁男生W制作的两个瓶偶——"喜欢的自己"和"不喜欢的自己"，都没有嘴巴：

咨询师：发生了什么，你的瓶偶都没有嘴巴？

W：它们不需要嘴巴。

咨询师：没有嘴巴怎么讲话呢？

W：它们不需要讲话。

咨询师：它们讲话会怎样？

W：会没有饭吃，还会挨打。

咨询师通过瓶偶"嘴巴"的缺失直接抓到了核心问题。

三是可以丰富来访者解决问题的方式。玩偶和面具的制作是一种创造性的工作，每一种玩偶和面具的制作，都需要来访者自己动手剪出想要的发型、画出想要相貌以及想表达的状态。同一种玩偶有不同的制作方法，在此过程中，来访者会感受到通过多种途径制作一种玩偶的"意识流"，进而引导其获得"同一个问题可以有不同的解决之道"的概念，促使其改变原有的生活哲学。

四是可以提升来访者的自信。一旦来访者获得了自主解决问题的能力，就会产生存在感，自信力得到提升，再加之独立完成了玩偶和面具的制作，自信感会倍增。

案例

一位大学老师和丈夫发生冲突，分居两个月后临近春节，她想和丈夫和好，老妈又说他不来接就别回去。所以，不知如何办才好。在接受咨询时，咨询师请她做了一只筒偶：

咨询师：你看着"她"有什么感受？

来访者：我从来不会画画，没想到今天不仅画出来了，还画得这么像（自己）。

咨询师："她"令你想起了什么？

来访者：我觉得我还是很有能力的。

咨询师：那么现在你可不可以写出"她"的5个优点，就写在筒偶背后。

（来访者写下自己的5个优点）

咨询师：现在你又想起了什么？

来访者：我想我就是太倔了，当时如果稍微缓和一点也许不会到今天这个地步。

咨询师：在生活中你总是这么倔强吗？

来访者：也不是。我一般什么事都会先跟我妈说，我妈会给我一些建议。

咨询师：那么，这一次你和丈夫的冲突告诉你妈妈了吗？

来访者：嗯。因为从小到大，我都处理不好麻烦事儿，我妈也总这么说……

（她拿起筒偶，看着上面写的5个优点）之前我真没有想过，也不相信我还有这么多优点。我突然有一个想法，想试试自己来处理这件事。

……

五是可以培养儿童主动的思维习惯。玩偶和面具在心理咨询中的应用，尽管适合各年龄层的群体，但最主要的服务对象还是儿童。我们发现玩偶是一种表达的媒介，实现了儿童与外界的沟通。儿童可以把自己一直在试图"公布"的感受和态度主动释放出来，因为他们把情感和态度投射到了自己制作的玩偶或面具上。此外，在会话或角色扮演中，儿童可以自己决定如何表达"台词"，不会像日常生活中被动地听"妈妈的话"。因此，在这类活动中，儿童需要处于主动的积极的沟通状态中。

三、玩偶与面具适合解决哪些问题

从心理服务实践看，玩偶和面具适用领域较广泛，比如青少年交友困难、过分害羞、情绪困扰、恐惧和焦虑、经常做噩梦、自我意识和自尊、攻击行为、学习困扰、言语障碍、适应新环境（例如转学或者重组家庭）、创伤后应激障碍（例如受虐、父母离婚、性虐待、父亲或母亲离世等）、躯体化症状（例如眨眼、口吃、胃痛、头痛、尿床等）、注意力缺陷障碍（多动症）、选择性缄默等等。

第二节　玩偶与面具的实践方案

一、玩偶

（一）瓶偶

材料：空瓶子2个、不同颜色的橡皮泥若干、纸巾若干、双面胶若干、透明胶条若干。

制作：制作两个瓶偶：一个是"喜欢的自己"，一个是"不喜欢的自己"。先做哪一个都可以，但必须完成一个后再做另一个。

图233　瓶偶

第一步：将瓶子里装入2厘米高的水或者沙子、小石子、豆子类物质，以防瓶子站不稳。

第二步：把双面胶贴在瓶盖上，将纸巾团成圆球粘在瓶盖上作为瓶偶头。为了更加牢固，可再用透明胶条从瓶盖一侧通过"头顶"拉到另一侧粘好，再用橡皮泥包裹住"纸团头"，把所有胶条都裹在橡皮泥里面。

第三步：用橡皮泥做出头发和五官。（也可以用毛线做头发。）

第四步：用橡皮泥做出身体以及服装，颜色自选。

应用：借助瓶偶与来访者讨论那个"不喜欢的自己"瓶偶的问题，支持来访者找到解决问题的办法，促使其内在的力量生长出来。

（二）手偶

材料：海绵球1个、白色袜子1只、玩具眼睛2个、不同颜色无纺布2块、黑色和彩色毛线若干、乳胶若干、针线若干、剪刀1把。

制作：

第一步：海绵球挖洞（中指能进入）后装入袜子，制作头。

图234　手偶

第二步：制作头发。先选好毛线颜色并剪成需要的长度，粘贴在做好的手偶头上，并用剪刀剪出想要的发型或编成辫子。

第三步：制作五官。用无纺布剪出需要的眉毛和嘴巴等部位，然后把这些剪出的部位和买来的玩具眼睛粘贴在相应的位置上。（如若买不到玩具眼睛，也可以用布制作。）

第四步：缝制衣服。上衣是前后完整的，下衣只有前片，以便用手操作。如果制作连衣裙或旗袍也是如此，后身只留上衣部分。这样一根手指（一般使用食指或中指）控制手偶头时，上衣可以遮挡住手部，但如果过长，则不便操作。

第五步：制作鞋子。按照喜欢的样式用无纺布剪出即可。如果做的手偶穿裙子，鞋子一定要连一段腿。

第六步：组装。先在上衣肩缝中间剪出大小适宜的半圆（太大的话，头容易掉出来），然后将做好的手偶头下部的袜子通过剪出的半圆安装好，再将下衣用乳胶粘贴在上衣内边，最后将鞋子粘贴在下衣上。

应用：用于故事疗愈，或通过角色扮演使来访者与玩偶分享自己的情感，探索其压抑情绪的原因。

（三）筒偶

材料：8开卡纸或水粉纸一张、蜡笔或彩色铅笔若干、双面胶若干、剪刀1把。

制作：

第一步：将纸分为两半，一半画图，一半做筒。

第二步：画图"我是谁"。

第三步：做筒。将另一半纸做成一个锥形筒，并粘贴好。

第四步：黏合。将画好的"自己"粘贴在筒的正

图235　筒偶

面即可。

应用：一是放在自己卧室的床头柜上、书房或办公室里，用于自我对话以改善情绪、解决问题或自我激励。可以把激励自己的一两句语言写在筒偶的背面，便于自己随时阅读、查看；也可以把自己的优缺点写在筒偶的背面，不断阅读，促使自己反思和改进。二是用于团体偶剧表演，解决团队问题、人际问题或适应问题。三是用于讨论，如讨论自己的优缺点、孩童期的自己、未来的自己等。

（四）筷子偶

材料：8开卡纸1张、筷子或吸管1根、蜡笔或彩色铅笔若干、双面胶若干、剪刀1把、两脚钉若干、打孔器1个。

制作：

第一步：将纸分两半画图，画人物、植物、动物均可。两面的图案轮廓须一致，颜色和图可以不一样。如果图案是人物，若想让四肢灵活，可以把四肢做成两段式的，用两脚钉连接起来。

图236　筷子偶

第二步：沿图案边缘把图剪裁好。

第三步：用双面胶把筷子和两张图粘在一起。

应用：可用于故事疗愈，或通过角色扮演表达来访者的问题和担心，释放其被压抑的情绪、压力和委屈。目标是解决问题，包括注意力调节和思维模式改善。

（五）悬丝偶

材料：白色或米黄色的卡纸或纸板若干、彩笔若干、铅笔1根、毛线若干、打孔器1个、两脚钉若干、剪刀1把、一次性筷子2双。

制作：

第一步：先在卡纸或纸板上画图，画人物、植物、动物均可。需要注意的是，图案不一定在一张纸上完成。为了让悬丝偶在表演时灵活，一般会把悬丝偶的小臂与大臂、小腿与大腿、上身与下身等部位断开，再用两脚钉连接起来，所以设计图案时一定要留出"衔接量"（装订部分），否则悬丝偶的身体比例会受到影响。

第二步：将服装、鞋子等装饰全部画好。

第三步：把所画图稿沿轮廓剪裁好。

第四步：用打孔器为需要衔接的部位打孔。

第五步：自上而下按顺序用两脚钉将悬丝偶组装起来。

第六步：在头部顶端打孔并穿上毛线，一端固定在头顶，另一端固定在准备好的筷子上。再在两只手上打孔，穿上毛线，一端固定在手上，另一端固定在准备好的筷子上。（一根筷子长度不足，可以将两根筷子用胶条缠绕接长。）

应用：可用于偶剧表演，目标是解决问题。

图237 悬丝偶

二、面具

（一）纸板面具

材料：A3纸板1张、A4彩纸1张、双面胶若干、刻刀1把。

制作：

第一步：在A3纸板上画图，画人物、植物、动物均可，但一定要注意眼睛、鼻子和嘴巴的位置与自己的脸相符。

第二步：剪出图案，并用刻刀把眼睛、鼻子和嘴巴处刻出洞。

图238 纸板面具

第三步：做帽圈。将A4彩纸按长边裁成4条，比照头围尺寸做成十字帽圈。

第四步：用双面胶将帽圈与纸板粘贴起来。

应用：可用于对话或角色扮演。

（二）废纸面具

材料：气球1个、面粉半杯、水2杯、废纸若干、颜料若干、松紧带若干、剪刀1把、锅1口和热源。

制作：

第一步：和来访者一起制作糨糊。将面粉在碗中调成糊状，把水放置锅内煮沸后将面糊加入，再加热至沸腾，将锅从热源移开凉凉即可使用。（也可用胶棒或胶水代替糨糊，只是胶棒或胶水容易开胶，保持时间短。）

第二步：请来访者把气球吹起来并扎住口，然后将废纸剪成条，浸泡在糨糊里。

第三步：咨询师协助来访者把浸泡过的纸一条一条贴在气球上，贴住3/4面积，用吹风机（小风）把纸和糨糊吹干或自然风干。

第四步：用针把气球扎破，留下硬纸壳。

第五步：在硬纸壳上画五官并安装头发。（也可以直接在硬纸壳上画上头发。）

第六步：在硬纸壳两边装上松紧带，面具就做好了。

应用：可用于讨论对自我意象的探索。

三、案例分享

（一）我的瓶偶

案例分享

阳阳，一个4岁半的男生，在某幼儿园中班。他每天好像都内心不宁，不是抓挠了小朋友的脸，就是把自己弄伤了，因而被建议接受咨询。

材料准备：空水瓶2只、彩泥1包、双面胶若干和纸巾若干。

咨询过程：共有两个环节。

制作瓶偶

咨询师同阳阳一起坐在桌旁，请他做一个"喜欢的自己"，一个"不喜欢的自己"。制作开始，咨询师告诉阳阳瓶偶的头如何做，整个过程需要阳阳独立完成，一旁的妈妈只能观察。阳阳制作的"喜欢的自己"（瓶偶1）色彩亮丽，脸部和身体都选择的是亮色彩泥，而"不喜欢的自己"（瓶偶2）脸色较暗，选用的是深紫色彩泥。

图239　瓶偶咨询

咨询摘录

咨询师：你不喜欢哪一个？

阳阳指了指瓶偶2。

咨询师：为什么不喜欢它？

阳阳：它总是让妈妈生气。

咨询师：妈妈生气了会怎样？

阳阳：妈妈就会说狠话，还会打它。（阳阳用手指了指瓶偶2的身体，表明妈妈会打它的屁股。）

咨询师：那它怎么气妈妈的呢？

阳阳：它（瓶偶2）特讨厌，妈妈不让它吃零食，它总是吃，有时还偷偷把零食藏到书包里带到幼儿园去吃。

咨询师：妈妈为什么不喜欢它吃零食呢？

阳阳：它吃了零食就不好好吃饭了。

咨询师：阳阳，它是你造的人，你得想办法管管它呀。

阳阳：那你说怎么办？

咨询师：它是你的兵，你想想办法吧。

阳阳：那要不给它定个规则，两天吃一次零食，一次只能吃一点点，妈妈让吃多少就吃多少。

咨询师：那如果它做不到怎么办呢？

阳阳：那就罚它不能看电视，或者罚它不能去动物园。

咨询师：那就罚它一周内不能看电视，一个月内不能去动物园，可好？你能和妈妈一起监督它吗？

阳阳表示同意，并和妈妈拉钩为证。

理念

咨询师在使用瓶偶帮助儿童的过程中，首先是将儿童的问题外化转移到了瓶偶身上，以此保护孩子的自尊。在外化后的对话过程中，儿童会毫无顾忌地"揭发"瓶偶，还会在咨询师的支持下自己找到解决问题的办法。可见，咨询师只要根据儿童心智发展阶段设置对话语言，就能收到显著的效果。

在整个过程中，咨询师请家长在现场观察，也会给家长带来一些教育启发和意外的训练。本案例中，如果妈妈能找到方法与阳阳沟通解决吃零食的问题，而不是采用"说狠话"和"责打"孩子的方法，阳阳就不会发生情绪管道堵塞，以致在幼儿园去抓挠别的小朋友。因为内在的负性情绪必须有一个出口，否则孩子的心理动力就会失衡。

（二）知识会从肚子里长出来

案例分享

小B，男，4岁半，幼儿园中班在读。一天回家后撕、吃绘本，妈妈阻止，小B告诉妈妈是幼儿园老师说把书吃进肚子里，知识就会从肚子里长出来。妈妈和老师沟通后得知幼儿园老师没有这样的教导，但是小B的一些毛病使他在小伙伴群体中不受欢迎。这个情况引起妈妈的关注，于是带孩子走进了咨询室。

咨询师在首次工作中，采用了面具活动。

咨询摘录

咨询师和小B完成面具制作后。

咨询师：它叫什么名字？

小B：它叫小虎。

咨询师：我是美兔，我可以和小虎做朋友吗？

小B：嗯……好——吧，我很想有朋友。

（咨询师注意到小B把小虎转化为了"我"，于是和小B都戴上了面具。）

图240　面具咨询

咨询师：发生了什么，没有朋友？（特意省略了你）

小B：我想和他们做朋友。

咨询师：他们是谁？

小B：我们班的小朋友。（低下了头）

咨询师：我听说小虎喜欢吃书……

小B：那是想让我变聪明！

咨询师：小虎本来就很聪明，而且还很有力气，小老虎嘛。

小B：我就是要成为老虎，让他们都怕我！（小B抬起头来）吃了书，知识就会从肚子里长出来！我又聪明又威武！

……

理念

使用面具与儿童讨论，一是将儿童的问题外化给了"面具"，保护了孩子的自尊心；二是儿童觉得讨论的是"面具"的问题，不是他的问题，他没有受到指责，因此，他就会很积极地批评"面具"；三是请他帮助"进步"，使他获得了一定的价值感，保护了他的自尊心也让他获得自信心。

小　结

　　回顾本章的讨论，我们不难发现，玩偶和面具是一种有效的咨询工具，因为来访者可以将情感和关注投射在玩偶和面具上。在游戏中，来访者又可以用虚拟的方式处理现实经验，但不需要承担现实生活中重大的后果。缺乏掌控感常常是人们产生心理困扰的原因之一。无论是前期的制作玩偶和面具，还是第二个环节进行的会话和角色扮演，来访者可以安全地体验到在现实生活中无法获得的掌控感。在此过程中，咨询师通过真诚、尊重、接纳、跟随，与来访者建立起温暖而坚定、自由而有规则的关系。在这种关系下，来访者学会调节自己的情绪、想法、行为，以更适宜的方式应对现实生活。

思考与讨论

　　1.玩偶和面具中会有自我意象吗？

　　2.请用报纸制作一个玩偶，并将制作过程中的感受写下来。

　　材料：报纸若干、剪刀1把、拼贴材料、彩笔若干、皮筋若干。

　　制作：将准备好的报纸叠放在一起卷成圆筒，并用皮筋将其固定；在圆筒的上端用剪刀剪出头发；头发下面用彩笔画出五官，然后装饰衣服。

　　讨论：制作过程中制作者情感（包括注意力调节、情绪变化、制作重点等）发生怎样的变化？

　　3.请与家人或朋友进行一次完整的玩偶制作以及对话或角色扮演，然后共同探讨有关情感与关注的问题。

第六章

冥想

似梦非梦

调节心境

一吸一呼

安其心灵

冥想是一种奇妙的技能。随着人们对心理学的认识，冥想越来越受"文化人"的青睐。一说到冥想，人们就会想到佛教，想到瑜伽，想到正念。给手机世界带来时代性改变的乔布斯，在大学时就开始接触冥想和佛教禅宗，还一度去印度寻找精神导师。乔布斯通过冥想探索自我和世界，他与冥想的故事也让越来越多的人对冥想产生好奇。那么，什么是冥想呢？

第一节　冥想辨识

一、什么是冥想

1.冥想的含义

越来越多的人意识到冥想的重要性，并开始将其作为日常实践来改善身心健康。要学习并实践冥想，就要先了解冥想的含义和定义。

冥想的英文是meditation，它的英文名字本身已经包含了其含义，即通过集中注意力和培养内心觉察来达到平静和内在平衡的状态。冥想是一种深沉思索和想象，通过将注意力集中在当下的感受、思绪或感知上，培养内心的平静和安宁。

冥想通常需选择一个冥想的环境，闭目或保持柔和的目光，然后集中注意力在呼吸或身体的某个部位观察思绪的流动。当注意力被外界吸引、干扰或内心纷乱时，冥想会帮助练习者将注意力拉回到焦点上，培养对自身和周围环境的专注力。

冥想有多种形式，包括正念冥想、呼吸冥想、可视化冥想等。冥想的益处包括减轻压力、提高注意力、增强情绪管理能力、促进身心健康和培养内在的平静与平衡等。它可以作为一种日常实践，帮助人们建立与内心的联系，并在快节奏和高压的生活中寻求内在的宁静和平衡。

2.冥想的发展

冥想可以追溯到哲学传统，随着时间的推移，冥想逐渐超越了哲学的范畴，成为一个独立的科学研究领域。随着冥想的发展和普及，越来越多的科学研究开始探索其对身心健康的益处。这些研究发现，冥想不仅可以帮助人们改善注意力、调节情绪、释放压力，对免疫功能和大脑结构等方面也有影响。这些发现为冥想的实践提供了更多的科学支持，并吸引了越来越多人的关注和参与。随着科技的进步，冥想也逐渐融入现代生活。有许多应用程序和线上平台为大众提供冥想指导和练习课程，使人们可以随时随地进行冥想实践。冥想也被应用于学校、医疗机构等不同领域，作为一种帮助人们获取健康和幸福的方式。

总之，冥想的发展经历了不少转变，它已经成为一种被广泛研究和应用的实践技术。未来，想必冥想还会继续发展、进步，为人们的健康和幸福做出更大的贡献。

3.为何要冥想

每一个人都生活在真实的世界，也许生活中的不如意无处诉说，一个情绪压抑了下来；也许工作中有一些不顺心，无人倾诉，一个情绪压抑了下来；也许亲密关系、亲子关系有苦说不出，又一个情绪压抑了下来……一个又一个压抑下来的情绪，住在身体里凝成团，阻碍着我们拥抱快乐，并在身体里形成负性垃圾。垃圾越多负性情绪越大，有一天当我们没有力量去控制它们的时候，我们便会倒下去，烦闷、哭泣、不安……冥想就是在心里进行大扫除，可以说冥想是通往自我觉察的有效途径，帮助我们看清自己，释放压力，平衡身心，抑制痛苦，增强身心疗愈能力，宜于健康，并培养专注力，提升意识的觉察力。所以，冥想在快节奏的今天成为时尚，也成为在压力环境下工作的人们的"减压操"。我们在课堂上也用冥想进行课前练习，指导有睡眠障碍的学生进行练习，对注意力缺陷障碍的学生进行冥想干预……经过反复尝试与练习，学生惊人地发现无论什么时候，身体和心情都能很快放松下来，并能以最快的速度、最佳的状态开始学习。有学生说："冥想简直就是净化心灵的良方。"也有学生说："冥想是我清除体内垃圾的吸尘器。"

案例

Z女士，58岁，某高等院校副校长，因30年前患上眼睛疾病，导致视力急剧下降，给生活和工作带来了许多不便，因此连孩子也不敢生。如今随着年龄的增长，加之丈夫的离世，她开始焦虑自己的晚年生活，于是走进咨询室。

"我是来接受走冰山的。"她一坐下便对咨询师说。

咨询师很纳闷："我们需要了解一下您当下……"

"不用。"没等咨询师说完，Z女士就拦住了，"我就是来走冰山。"

咨询师只好按照她的要求开始对她进行"冰山工作"[①]。可是走到"观念层"，Z女士怎么也走不过去，被死死地卡在那里。

咨询师说："现在请您调整一下坐姿，怎么舒服怎么坐……"随手打开了手机里的音乐，随着轻柔的音乐，开启了一场特别的冥想。

当冥想结束，Z女士说："很舒服，我就是听说您会走冰山，我才特意来的。"

从这个故事中，我们能够感受到冥想的美妙。正因如此，我们在心理咨询服务中心，常常会带领来访者在大自然的音乐中闭上眼睛，观看自我，让身心达到深度宁静，让不想要的情绪永远离开其身体，保持身心和谐一致，从而走出困惑，专注自己的目标，能够高效工作，踏实生活。使来访者获得一种平静而清澈的觉知，一种存在感而非流动感；获得一种沉静、安定的感觉，而非陷于困惑。

4.冥想是否有危险

冥想是一种很好的放松方式，不存在危险。李氏冥想做的是最基础的冥想，就是找个安静的地方坐下来，把所有的注意力放在呼吸或某一个特定的画面上。通过冥想词的暗示，让冥想者从思绪混乱的状态走出来，情绪平稳下来，不再大悲大喜，不再易怒烦躁，整个人变得积极乐观。把心安放好，一切皆好。

---

① "冰山工作"是指运用维吉尼亚·萨提亚冰山理论进行内在情感探索的方法。

5.谁适合冥想

除了对冥想敏感度低者，任何人都可以练习冥想。只是年龄不同，练习或用于心理干预的时长要有所不同。一般3岁以下的幼儿冥想一次不超过1分钟，4岁以上儿童随着年龄的增长可以逐渐延长时长。对成年人来说，冥想时长没有限制。

在具体操作上，冥想一般要求闭上眼睛，是因为暂时隔离外在的信息，便于"凝心聚力"。如果有人不闭眼睛也能做到专注，也可以不闭眼睛。

在心理咨询实践中我们也发现，当来访者狂躁之时不宜强行冥想，容易适得其反。如有必要使用冥想，也需要在正式冥想前做好情绪过渡或铺垫。如在冥想过程中感觉到来访者有不适的情绪，应立即停下来。待来访者适合冥想工作时再使用冥想法工作。

图241 打坐

二、冥想辨识

如前所述，在心理学领域内与冥想相关的几个用语，还有禅修、瑜伽、正念、催眠等。它们与冥想都是内观活动，但在练习方法、目标等方面又有区别。

1.冥想与禅修

冥想和禅修是两种不同的练习方式，尽管它们在某些方面有一些共同之处，但也存在一些重要的区别。

第一，源头不同。冥想在不同文化中都存在，它是通过集中注意力、排除杂念、改变意识状态来培养内心平静和觉察的方法。而禅修是佛教徒特有的修行方式，源自印度，后传入中国并形成了独特的禅宗传统。

第二，实践理念和目标不同。冥想的目标是通过觉察和内心平静来减轻压力、焦虑来提高专注力和保护身心健康。禅修则更加注重觉察和领悟，以实现觉醒和解脱。

第三，练习方法不同。冥想的练习方法可以有多种形式，如呼吸冥想、自我冥想等，不拘一格。禅修则强调坐禅，多为静坐入定，不起杂念。通过正直坐姿和专注呼吸的方式来觉察自己的身心过程。

第四，学习途径不同。禅修在传统上强调师徒传承和禅师的指导，学生依靠禅师参学。冥想则可以通过自学、参加冥想课程或使用冥想应用程序等方式学习。

2.冥想与瑜伽

冥想和瑜伽是两种不同的实践方法，尽管冥想和瑜伽都是内观练习的方法，都可以让人们身心健康，但它们也存在一些重要的区别。

第一，二者的练习目标和意义不同。前面我们讨论了冥想的目标是通过集中注意力、排除杂念，改变意识状态来培养内心平静和觉察的方法。它注重培养内在的觉知和意识。瑜伽则是一种身体和心灵的整合练习，旨在通过体位、调息和冥想等练习来平衡身心，并实现身体健康、内心平静和灵性成长。

第二，二者的实践方法不同。冥想形式比较灵活，重点在于培养内心觉察和平静。瑜伽则通过多种体位练习、呼吸控制等调整身心的平衡。

第三，二者的哲学基础不同。冥想的实践在不同的文化和哲学传统中都存在，但它本身并不依赖于具体的某一种。瑜伽则源于印度教瑜伽派的一种修行方式。

第四，二者的要求不同。冥想注重内心觉察、专注力和内在平静，通过觉知身心的过程来培养内在。瑜伽则强调身体的柔韧性、力量和平衡，通过体位练习来调整身体的能量流动，促进身心的平衡和健康。

3.冥想与正念

冥想和正念，从二者的名字上就可以看出区别。

第一，练习目标不同。尽管冥想和正念都是修内，但冥想是一种通过集中注意力、呼吸、觉察等方式来培养内心平静和觉察的练习方法，最终达到减轻压力、焦虑，提高专注力，改善身心健康水平的目的。而正念是保持宁静与清醒主动的意念，是诱导、维持与深化入静状态所必需有的意念。

第二，练习方法不同。冥想的方法可以有多种形式，重点在于培养内心觉察和平静。正念则强调在日常生活中保持觉知，不管是在行走、吃饭，还是与他人交流时，都可以实践。

第三，练习的环境不同。冥想通常需要找到一个安静的环境，坐下来专注练习。正念则强调将觉察融入日常生活中，无论是在平静的时刻还是在忙碌的时刻，都可以保持觉察。在正念时，重要的是以接纳的态度来觉察自己的内在和外在。

4.冥想与催眠

冥想和催眠是两种完全不同的实践活动,它们有一些明显的区别。

第一,在意识状态方面存在着差异。冥想是一种清醒而有意识的状态,通过集中注意力和觉察来培养内心平静和觉知。冥想时,人们通常保持清醒状态,意识是清晰的。催眠则是一种特殊的意识状态,目前关于催眠状态的本质和机制仍存在较多争议。在传统的观点中,催眠被认为是一种无意识状态,即人们在催眠状态下失去了自我控制能力,完全受催眠师的指导和控制。然而,现代研究对此观点提出了一些质疑。认为催眠状态下的人们仍然保留一定的自我意识,可以在某种程度上对外界的刺激做出反应。

第二,在练习目的和应用方面存在差异。冥想的目的是减轻压力和焦虑,提高专注力和身心健康,它注重培养内在的觉知和意识。催眠的目的是通过暗示和建议来改变人们的认知、感受和行为,它可以用于治疗心理问题、减轻疼痛、增强自我意识和自我控制等。

第三,在自主性方面存在差异。冥想是一种自主的实践方法,人们可以自由选择练习的时间、地点和冥想方式,其效果和体验是由个人的努力和实践所决定的。催眠则呈现一种较被动和接受性的状态,人们在催眠状态下更容易接受他人的建议和指导,并以此来进行治疗或改变。

需要注意的是,冥想和催眠都是一种心理学活动,都可以带来一定的益处。选择哪种方法,可以根据个人的需求和偏好来决定。如果需要进行催眠治疗,一定寻求专业人士的指导和帮助。

通过上面的讨论,我们知道不同的练习活动有着各自对应的要求和功能,它们对心理暗示和能量流动的要求也是不一样的,可以根据个人的需求、目标和偏好来决定采用哪种方法进行练习。

第二节　李氏冥想

在日常生活中，我们感受到冥想已经不仅仅是一种锻炼和养生的方法，也是心理咨询服务的重要手段之一。冥想是一种有益身心健康的活动，它形式丰富多样，根据多年的实践与摸索，我们也研究出了一种简便易操作，方便教学的冥想方式，我们称之为李氏冥想。

1.什么是李氏冥想

李氏冥想其实是一件十分简单的事情。它打破了打坐、瑜伽所要求的场所限制，更不需要催眠的专业技术，也不要求盘腿坐等姿势。草地上、室内、公交车或地铁上等，都可以作为李氏冥想的场所，只要需要，随时随地都可以练习。李氏冥想旨在通过冥想使我们抛开种种杂念，缓解压力，提高注意力，与真实的自我联结。

李氏冥想是一种力量型冥想，它引导人们进行分层冥想，分阶段清理留在体内的"垃圾"，促进内心平衡，提高工作效率。特别是对消极情绪、低迷状态，如生活中萎靡不振、学习上注意力不集中、事业上迷失方向等情况，都有良好的改善效果。

2.李氏冥想的类型

（1）从形式上分，李氏冥想可以分为引导式冥想和自我冥想。

①引导式冥想

它是一种警觉的意识，全部注意力在引导主题上。冥想者将注意力从外部世界转向内心，从左脑主导状态转为右脑主导，就像一个人专心倾听充满意境的音乐一样。这类冥想一般由引导者带领，并伴随有音乐，分为三个阶段。

阶段一：冥想准备

在这个阶段，引导者播放音乐，同时给出引导语。此时引导者语气须较为宁静，声音听起来温柔且有力、低沉且亲切，就像与"同谋者"交换一份重要的讯息。

冥想者须把眼睛闭上。不闭眼睛，冥想者会有要说话或应答的暗示；闭上眼睛，情况便大不相同，冥想者没有任何回应的期待，其可以把全部注意力集中在所听到的内容以及如何运用它们上面。引导语如下：

引导语示例1

好，现在请你把眼睛闭上。让我们在这美妙的音乐中，关爱一下自己吧……

引导语示例2

好，现在请闭上眼睛，调整你的坐姿，怎么舒服怎么坐。如果你愿意躺在沙发上，你可以躺下……

引导语一般都是指导冥想者做好准备，且一定要与后面的冥想词连贯上，内容要无缝衔接，务必要过渡到冥想词的主题上，换句话说，这一部分结尾处须有承上启下的功能。

阶段二：冥想主题

这一阶段是治疗性的隐喻叙述，或是邀请冥想者做一次幻想之旅。这部分也是冥想的主要内容，即冥想主题。

主题词示例

你躺在小船上，小船随着波浪自由地摇动。疲倦的身体惬意地躺着，随着小船的摇摆摇啊摇啊。阳光照在小船上，你感到整个船都暖暖的；阳光照着你的身体，仿佛一个充满能量的罩子把你整个身体植入能量场，疲倦瞬间无影无踪了，只是感受着暖暖的阳光和摇动的小船，摇啊摇，摇啊摇，就像是儿时那个摇篮，摇啊摇啊，摇——好，请在这个当下停留1分钟。

这段冥想词显然是放松或减缓压力的冥想，所以冥想词应当依据主题的需要去编制内容。

阶段三：结束语

引导者把冥想者带回到现实中，对其说一些鼓励性或成长性的话。

结束语示例

好，现在我倒数5个数，当我数到1时，请你睁开眼睛。5——4——3——2——1——好，请你慢慢睁开眼睛，把双手搓热，焐一焐自己的眼睛，轻轻地对自己说："我爱自己！"然后再把手搓热，焐一焐自己的脸，轻轻地对自己说："我照顾好自己，才能照顾好家人。"

这部分冥想词是在提示冥想者冥想即将结束，我们要回到现实场景中来了。当然，结束语也要与冥想主题有衔接和照应。

②自我冥想

自我冥想也叫自主冥想，是没有引导者引导，冥想者按照自己心理、生理的需要进行自我练习的一种冥想。一般没有冥想词，在音乐中自我指令暗示身体做好准备，然后根据此次冥想的目标，自主想象画面，让注意力停留在那个画面里，跟随"心语"控制意识，实现情绪调整或压力释放或自我激励的效果。一般按照冥想目标，去到自己喜欢的一个地方，或是想象一个美丽的画面，或是来到一个向往的景区……

（2）从内容上分，李氏冥想可以分为三种类型。

①激励冥想

放松身心，弥补我们忽略掉的对自身的感受和认识；想象与大自然的拥抱，感受人与自然的和谐；观望未来，想象一幅自己期待的画卷，拥抱希望。

目标：祛除负面情绪，平静内心，缓解压力。

下面的示例只是冥想词部分，不包括引导语和结束部分。

冥想词示例1

你来到了海边，一艘小船停在了你的面前，这艘船无人驾驶，你很好奇，便登上了船。你刚一上去，船便向前驶去，来到了对岸。眼前是一片青山，你好奇地沿着小路向山上行走，走着走着，眼前出现一个洞口，你好奇地走进山洞，洞口的路不太宽敞，可是走着走着，路越来越宽，越来越宽。突然，面前有一个金光闪闪的大箱子，你好奇地走上前，打开了箱子，里面是五颜六色的宝石，这是你一直在寻找的宝藏。你拿起一块红色宝石，瞬间感到身体充满了力量；你又拿起一块绿色的宝石，你的眼前呈现出一幅神奇的图画；

你很快地拿起一块紫色的宝石，瞬间你看见自己站在领奖台上，你还有一对金色的翅膀，你手拿奖杯，一点一点地向上升起，像是一只金色的雄鹰，即将在天空翱翔。

冥想词示例2

你朝前面的林子走去。这片林子很大，树木很高，可是不知为什么，树上的叶子都黄黄的，没有朝气，再看道路两边的小草，几乎都枯萎了。你带着好奇沿着道路向前走，走着走着，面前出现一个院落，说它是城堡，它不像，说它是住宅，也不像。你好奇地走到院门前，轻轻一推，门开了，原来门是虚掩着的。你进了院子，走进右手边的第一间房子。哇，里面的布置正是你喜欢的，每一件家具、每一个装饰都造型新颖，你忍不住伸出手去抚触。走出第一间房子，你走进了第二间，这一间全是衣服，都是你喜欢的款式和颜色。你走进第三间房子，里面都是你曾玩过的最喜欢的玩具。你很好奇，这是谁的房子？带着这份好奇你来到院里，院中央是一个大花坛，花坛里的花还未绽放，可是你不知道这是什么花，毛茸茸的，滑滑的，像丝绒一般，那颜色你从没有见过，都不知道怎么形容，漂亮极了。你伸出手想去摸一摸，可是你的手刚一触碰到，花瞬间就绽放了，你又触碰一朵，也是瞬间绽放。就这样，你带着惊奇走出了院子，又把门关上，沿着来时的小路往回走。走着走着，你发现你走过的地方，枯草都变绿了。你很好奇，伸手去触碰树上那发黄的叶子，瞬间整棵树上的叶子都变绿了，生机盎然。太神奇了！原来刚才你走进的是一个大自然能量场，你触碰的每一件家具、每一朵花都给你的身体注入了大自然的能量。你顿时感到整个身体都在发热。

②呼吸冥想

用不同的呼吸方式，调整大脑的工作模式，排除杂念，集中注意力，进而提升专注力，提高工作效率。

目标：专注、静心、扩大心灵空间。

下面的示例只是冥想词部分，不包括引导语和结束部分。

冥想词示例1

现在随着你的呼吸，想象你的面前有一个球，球的颜色只有你能看到，盯住它，盯住它，看看它是什么颜色的。它似乎在动，好，盯住它看，看它怎样转动……

冥想词示例2

现在把你的全部注意力都集中在你的呼吸上，想象你就站在你的鼻子上，在关注你的呼吸：吸——呼——吸——呼——，你静静地站在鼻子上，看见随着吸气，氧气进入到你的体内，随着呼气，身体里不想要的废气被呼出体外，吸——呼——吸——呼——。

③开放式冥想

这种冥想方式可以帮助我们更好地发现生活的美好，发现自己的真实需要，发现自己的资源，让身心高度和谐，让我们重新整理生活，重新认识自己和他人，拥抱梦想，遇见最好的自己，获得助人的力量。

目标：畅想未来、获得助人力量。

下面的示例只是冥想词部分，不包括引导语和结束部分。

冥想词示例

你看见妈妈的腿颜色黯淡，似乎有一股黑烟在里面。你深深地吸气，把大自然的能量吸入体内，你的身体开始发热，并将所有能量注入妈妈的那条腿，能量像一团火，进入妈妈的腿，一股黑烟从妈妈的腿里出来。你集中精神，再次把能量注入妈妈的腿中，仿佛一团团火球进入妈妈的腿中，一股股黑烟被排到腿外。妈妈的腿开始红润……

3.冥想音乐

一首合适的曲子，可以平息冥想者心中的风暴，也可以将积压已久的精神风暴缓缓释放。因此，李氏冥想多选用大自然主题的轻音乐。当然，也有人享受干净的语言引导，而不喜欢有音乐相伴，那么，就可以免去音乐步骤。

4.李氏冥想文案

冥想主题：沐浴在阳光下。

音乐：《春野》（*One Day in Spring*）。

冥想词示例

好，现在请你闭上眼睛，调整坐姿，怎么舒适怎么坐，如果身体某个部位感到紧张，你可以悄悄地对它说：没关系，放松，放松。现在让你的身体，从头到脚完完全全地放松，放——松——，放——松——。

经过一天繁忙的工作，也许你的身体感到非常疲倦，那就让我们在这大自然的音乐声中关爱一下自己吧。鸟儿在为你歌唱，因为今天的你非常努力地完成了工作。风儿轻轻吹过，你感到非常惬意，你顺势躺在了沙滩上，软软的，暖暖的，像儿时躺在妈妈的怀抱中。夕阳洒落在身上，像是特别为你安排的放松日光浴。沐浴在阳光中，你的心随着鸟儿在歌唱，你的身体随着风儿飘动，越来越轻，越来越松，越来越轻，越来越松，此时此刻，你仿佛与风融合了，被阳光包裹着，你感受到了阳光的力量正在流进你的身体，你下意识将手心向上，一股暖流瞬间从手心涌进，流向手臂，流向身体，流向两条腿，到脚，到每一根脚趾，此时此刻，你整个人感受到一种特别的温暖，感觉无比清晰……请在此停留1分钟，感受阳光的温暖与安抚，感受清风的舞动……

好，现在我倒数5个数，当我数到1时，请你慢慢睁开眼睛，回到我们活动的现场。5——4——3——2——1。好，睁开眼睛，把双手搓热，焐一焐你的眼睛，轻轻地对自己说："我照顾好自己才能照顾好家人。"然后再把双手搓热，焐一焐自己的脸，轻轻地对自己说："我感受到了生活的美妙。"最后再把双手搓热，放到头顶，对自己说："我收到了大自然的力量。"

案例分享

妈妈去世了，让泪流出来

案例分享

7岁的昊昊读小学2年级，妈妈因患抑郁症在家里自杀。他目睹了妈妈的死亡全过程。他看着妈妈吃完药躺在床上；看着妈妈被送到医院抢救；看着妈妈被火化……在整个过程中，他一滴眼泪都没有流，只是不愿意去上学。

他在外婆家里长大，和外婆外公的关系最好。可是现在，他看见外婆哭泣，他会打外婆，对外婆大吼。外公说他，他就打外公。如果去学校，也会和同班男生打架……

咨询摘录

外公与咨询师第一次通话的时候，咨询师让他们带一幅昊昊画的画儿过来。画面是医院抢救的场景：妈妈躺在那里，身上盖着白色单子，周围有很多人，但里面没有昊昊本人。从画中可以看出，他把自己置身于这个事件之外，他画的是他看到的情景。咨询师开始与外公外婆会谈，让助理把昊昊带到绘画室去画画。不到两分钟，助理进来悄悄告诉咨询师昊昊不愿意画画。

咨询师：那把他带进来吧。（外公外婆去了别的房间。）

昊昊：老师好！（在沙发上坐下，面带微笑，从他平静的脸上看不出任何异样。）

咨询师：你好！看你这么开心，最近学校有什么好事吗？

昊昊：没有。

咨询师：没有什么让你感到美好的事？

昊昊：没有。

咨询师：家里呢？

昊昊：（依然平静地）家里也没有。

咨询师：（提示）比如爸爸妈妈带你去野餐。

昊昊：（摇着头）没有。

咨询师：那有什么让你伤心难过的事吗？

昊昊：没有。

咨询师：家里和学校都没有？

昊昊：（拖着长音）都——没——有——。

咨询师：（突然）可是我听说你妈妈去世了。（这时，昊昊的脸色马上变了，微笑顿时消失了。）很想妈妈，是吧？

昊昊：嗯。（紧握着拳头，眼泪在眼圈里打转，但他努力不让它流下来。）

咨询师：你知道外公外婆为什么要带你来吗？

昊昊：不知道。

咨询师：因为我可以帮助你和妈妈做一个联结。（他斜靠在沙发上，他的眼泪终于流出来了！）想不想和妈妈做个联结？如果做了联结，妈妈就知道你现在怎么样，你也会知道妈妈怎么样了。

昊昊点了点头。

咨询师：好，现在我们来和你妈妈做个联结。请把眼睛闭上，调整一下身体，让自己坐得舒服些，怎么舒服怎么坐。（他斜靠在了沙发的后背上。）现在你的头脑里有一台电视机，这台电视机播放有两个画面，两个画面正好把电视机一分为二。我们先看左边。左边播放的都是愉快的事情，给你带来美好回忆的事情。爸爸妈妈和你一起做游戏，带你去郊游、野餐。你愉快地在教室上课，和同学们快乐地踢球……但是，我们的生活中不都是美好的事情，有时候天会下雨，有时候会刮风，有时候会有暴风雪，这些我们都不想要。因为这样的天气不能到外面去玩儿，但是大自然就是这样，我们要接受。生活中有一些不美好的事情，我们不想要，它也会发生。我们现在来看右边发生的这些不美好的事情，上面播放的都是你不想要的，让你不开心，甚至伤心的画面。（就这样，咨询师直接走进了他的内心。）妈妈去世了，就躺在那里，有一个白色的单子盖着。（昊昊画里的情景。）你看到妈妈躺在那里不再起来，你看到医生在抢救妈妈，所有的人都涌向了医院。但是妈妈还是走了。她一个人走了，去了她想去的地方，那里就是她的天堂。（这个时候，昊昊控制不住情绪了，低声抽泣。）你想哭就哭，想出声就大声地哭，让你的眼泪尽情流出来。因为妈妈这个和你最亲的人走了，你可以哭。（他的眼泪就像开了闸的洪水，猛地倾泻下来。他开始面对妈妈的离世了。）这就是你对妈妈的思念。（说到这里，咨询师有意停了一下，给他足够的时间去感受。）人的生命有长有短，有的人很年轻就去世了，像妈妈这样，有的小朋友刚一出生就死了，而有的人能活到八九十岁，甚至一百多岁依然很健康。无论人活多久，无论他们离开家去到哪里，他们都会把爱留下，把爱留在家里，留给他爱的人。妈妈走了，但妈妈的爱没有走，妈妈的爱和你在一起。妈妈走了，但她希望用她的健康换来你更好地去生活，她把生命的长度留给了你。所以你要活得更好、更健康，长得更健壮。不仅要自己很好地长大，还要替妈妈照顾好外公外婆，替她孝敬外公外婆。因为你是一个独一无二的孩子！你可以实现妈妈的愿望，这样妈妈才会放心。（说到这里，咨询师又停顿了一下，给了昊昊一个觉察和体验的过程。）现在，你和天地相连接，大自然的力量正通过你的手心进入你的体内。（咨询师想让他将紧握的双手打开。）如果你想接收更多的能量，你可以把手心向上。（他慢慢地把拳头松开，手心向上。）大自然的力量开始进入你的体内，你感到一股热流通过你的胳膊进入你的身体，然后流到你的双腿，最后流到脚底，整个身体充满大自然的能量。你感到自己很有力量……你开始成长，成长。现在好好地感觉……你的长大。就停留在这个当下。

（咨询师又停顿了大约5秒钟，让他感受自己的成长。）

咨询师：现在我倒数5个数，当我数到1时，请你睁开眼睛。5——4——3——2——1，好，睁开眼睛。（一个长达45分钟的冥想结束后，他睁开了眼睛）用双手焐一焐双眼，并对自己说："我会照顾自己了。"摸摸自己的脸，对自己说："我长大了，我可以照顾自己，也可以照顾外公外婆。"然后把手放在头顶，对自己说："现在我拥有大自然的力量了。"

（接着，咨询师让他画了一幅画儿：一幢房子，他和妈妈在遍地鲜花的院子里手拉着手。）

咨询师：现在，我们和妈妈做个告别仪式吧，妈妈很快就能收到。（他点点头。）但是，做这个仪式要选择一个安全的地方。（咨询师把他带到了顶楼空旷的晒台。教他用点火器把画点着。）你想跟妈妈说什么吗？

昊昊：（小声但很有力量）妈妈，我很想你。我现在长大了，我有力量了！我能照顾外公外婆了。

咨询师：你真的长大了。以后想妈妈的时候都可以做这样的仪式。可以写信，也可以画画给妈妈，但一定要在一个安全的地方在大人的帮助下进行焚烧。

附记

昊昊不仅通过咨询师给他做的冥想让压抑的悲伤随着眼泪流了出来，而且回家还帮助外婆减轻悲痛。他模仿着咨询师的方法给外婆做了两次"治疗"，有一次刚好是妈妈的生日。他为妈妈画了一个蛋糕，然后做了一个大信封，把"蛋糕"装了进去，并在信封上画了一个火箭。他说："火箭会走得更快，妈妈马上就能收到。"

还有一次，他见外婆偷偷地哭，就安慰外婆："外婆，您是不是很想念您的女儿？我帮您和您女儿做个联结吧！"他又仿照咨询师的方法，把当时的冥想词完整地转达给了外婆。给外婆做完冥想后，他问外婆："您给我妈妈画个画儿，还是写封信呢？"外婆说："你替我画吧。"于是，他就画了一幅画儿，画里有外婆。最后带着外婆一块儿下楼，找了个安全的地方，把画儿烧给了妈妈。昊昊第二次来做咨询的时候，精神状态很好，一切基本恢复了正常。

理念

冥想能够帮助人们得到放松，平复情绪，扰动无意识，清理体内垃圾。冥想的导语很关键，特别是对儿童的引导词，要特别小心。因为每一个人都是独一无二的，每位来访者的情况都不一样，所以冥想词没有固定的模式，也没有办法提前准备，每次都是即兴创作。

思考与讨论

1. 如何理解冥想与催眠？
2. 冥想对生理疾病有积极的作用吗？

拓展阅读

1.倪婷、胡冰霜:《近十年艺术治疗在中国的应用情况及发展趋势》,《西南交通大学学报（社会科学版）》,2012年5月第13卷第3期。

2.赵慧莉、孟凡:《大学生树木—人格投射测试的信效度分析》,《青海师范大学学报（哲学社会科学版）》,2014年第5期。

3.岑凯媚、王玉正、罗非:《曼陀罗绘画疗法对负性情绪的调节效应》,《医学与哲学》,2022年第2期。

4.黄梦萍、吴美姣、金灿:《运用沙盘游戏疗法协助被欺凌学生走出困境》,《中小学心理健康教育》,2022年第15期。

5.李洁:《瓶偶艺术对儿童教育的价值》,《人民论坛》,2021年第7期。

6.孙艺祯:《音乐在心理治疗中的应用》,《北方音乐》,2018年第4期。

7.李洁,孙雨阳:《涂色曼陀罗对3—6岁幼儿注意力的影响》,《心理咨询理论与实践》,2023年第10期。

参考资料

1. ［瑞士］卡尔·古斯塔夫·荣格:《原型与集体无意识》,徐德林译,国际文化出版公司,2011年版。

2. ［瑞士］C.G.荣格:《自我与自性》,赵翔译,世界图书出版公司,2014年版。

3. ［瑞士］C.G.荣格:《荣格文集　意向分析》,长春出版社,2014年版。

4. 陈灿锐、高艳红:《心灵之镜：曼陀罗绘画疗法》,暨南大学出版社,2014年版。

5. ［美］Cathy A.Malchiodi:《艺术治疗　自我工作手册》,朱惠琼译,心理出版社,2011年版。

6. ［美］Barbara A. Turner:《沙盘游戏疗法手册》,陈莹、姚晓东译,中国轻工业出版社,2016年版。

7. 李洁:《管道：亲子沟通的艺术》,作家出版社,2015年版。

8. 李洁:《超强亲子游戏》,中国妇女出版社,2016年版。

9. ［日］吉沅洪:《树木—人格投射测试》,重庆出版社,2011年版。

10. ［英］大卫·爱德华斯:《艺术疗法》,黄赟琳、孙传捷译,重庆大学出版社,2016年版。

11. ［奥］西格蒙德·弗洛伊德:《自我与本我》,徐胤译,天津人民出版社,2020年版。

12. ［瑞士］玛丽-路蕙丝·冯·法兰兹:《荣格心理治疗》,易之新译,心灵工坊出版社,2011年版。

13. 李洁:《功能游戏对幼儿发展的价值》,《人民论坛》,2020年第8期。

14. ［瑞士］Dora M.Kalff:《沙游在心理治疗中的作用》,高璇译,中国轻工业出版社,2015年版。

15.［瑞士］莫瑞·史坦:《荣格心灵地图》，朱侃如译，立绪文化事业有限公司，1999年版。

16.［美］海德·卡杜森、查理斯·雪芙尔:《游戏治疗101 Ⅲ》，赵恬仪译，张老师文化事业有限公司，2007年版。

17.［美］杰弗里·E.杨、［美］珍妮特·S.克罗斯科:《性格的陷阱:如何修补童年形成的性格缺陷》，王怡蕊、陆杨译，机械工业出版社，2019年版。

18.张日昇:《箱庭疗法》，人民教育出版社，2006年版。

19.［美］麦克·怀特:《叙事治疗的工作地图》，黄梦娇译，张老师文化事业有限公司，2008年版。

20.［美］Lisa B.Moschini:《绘画心理治疗——对困难来访者的艺术治疗》，陈侃译，中国轻工业出版社，2012年版。

21.刘雪璁:《百田弥荣子的中国神话研究——以〈中国传承曼荼罗〉〈中国神话的构造〉为中心》，《长江大学学报》（社会科学版），2018年05期。

22.陈灿锐、申荷永:《荣格与后荣格学派自性观》，《心理学探新》，2011年05期。

23.［瑞士］玛丽–路蕙丝·冯·法兰兹:《解读童话》，徐碧贞译，北京联合出版公司，2019年版。

24.［美］鲍伯·史铎、依立夏·高斯坦:《减压从一粒葡萄干开始》，雷叔云译，心灵工坊，2012年版。

25.李洁:《瓶偶艺术对儿童教育的价值》，《人民论坛》，2021年第7期。

26.高岚、申荷永编:《沙盘游戏疗法》，中国人民大学出版社，2021年版。

27.［瑞士］荣格:《回忆·梦·思考:荣格自传》，刘国彬、杨德友译，辽宁人民出版社，1998年版。

28.严文华:《心理画外音》(修订版)，上海锦绣文章出版社，2011年版。

29.［瑞士］C·G·荣格:《情结与阴影》，长春出版社，2014年版。

30.［美］苏珊·芬彻:《曼陀罗的创造天地:绘画治疗与自我探索》，游琬娟译，台北生命潜能文化事业有限公司，1998年版。

31.［瑞士］C·G·荣格:《心理类型学》，吴康、丁传林、赵善华译，华岳文艺出版社，1989年版。

32.［瑞士］荣格:《荣格论心理类型》，庄仲黎译，商周出版社，2017年版。

33.［美］C.S.霍尔、V.J.诺德贝:《荣格心理学入门》，冯川译，生活·读书·新知三联书店，1987年版。

34.朱立元主编:《现代西方美学史》，上海文艺出版社，1996年版。

35.［瑞士］卡尔·古斯塔夫·荣格:《文明的变迁》，周朗、石小竹译，国际文化出版公司，2011年版。

36.［古希腊］荷马:《荷马史诗·奥德赛》(插图本)，王焕生译，人民文学出版社，2003年版。

37.索南多杰:《藏密曼荼罗之艺术探微》，《西北民族大学学报（哲学社会科学版）》，2008年第1期。

后　记

如何成为一名优秀的表达性心理咨询师？

本书写完了，但我的头脑里却浮现出一个又一个曾经服务过的案例。每一次获得一幅从未见过的绘画，都会使我如获至宝，兴奋不已，因为每一幅图画都讲述着一个鲜活的生命故事，而我能听懂。每一次当我使用玩偶或是游戏帮助一个孩童回归健康轨道的时候，我都会赞叹这个过程的伟大与神圣，因为借由艺术媒材去撬动无意识世界真的太奇妙了，而我乐在其中。用一幅涂色曼陀罗让一个经历7年传统心理咨询已出现躯体化反应（身体颤抖）的女生瞬间身体平静下来，通过一次冥想让一个卡在"冰山"里的大学校长"通透了"，用几块石头让沉默的人吐露心声……一切的一切，在过去的30多年里，都让我不断地在哲学思维下去探寻心理咨询的新技术，也让我在艺术思维中不断创新，思考中国文化背景下的心理咨询路径。细细回想，我是如何通过11次咨询让一个双相情感障碍的大三学生回归的？如何通过7次咨询使一名自残的女大学生回归的？在别人眼里我是"高手"，其实我是运用的专业知识和经验教会了他们自我冥想，教会了他们使用曼陀罗自助。所以，今天我要把这些可以与生命联结的方法告诉愿意为和谐社会而努力的人们，让爱自己、爱家人、爱子女的人用轻松的游戏构建幸福家庭！这，也是我人生的一次超越。无论你是否从事心理服务工作，是不是心理专业的学生，它都有用，有人的地方就有心理学。

在学习表达性心理咨询技术的过程中，你需要学会像科学家一样思考。科学家始终在质疑自己的假设并寻求已有之外的各种事实证据与结论。科学家，包括教育学家和心理学家等，会将科学方法作为解决问题的工具。这种方法提倡开放的思想、积极的求知欲以及合理的评价，直到达到更加严谨而批判地看待问题。科学方法还能使你的思维更加敏锐，在将各种理论和技术用于心灵成长支持或问题症状解决时保持客观的态度。

你也需要像艺术家一样思考，充分运用形象思维，发现生命之美，看见美的故事，点燃美的希望，用生活中非常简易的材料使自己或他人无痕无痛地消除负性情绪，化解情结，完善人格，拥抱快乐。

当然，你也需要像哲学家一样思考，在诸多事件之间的关系中把握事物的本质。表达性咨询技术的练习不仅需要瞬间看见"本质"，还要瞬间拿出一个方法。最重要的是改变解决问题的基本思维，从此：

（1）用艺术的方式进行表达。

（2）用哲学的方式看见生命的力量。

（3）用科学的方式提出各种可能的解决策略。

（4）对心理学的咨询方式持一种非评判性态度。

（5）用咨询师的方式评估各种问题的解决策略。

（6）用表达性咨询的方式选择并实施最优策略。

明天的你和科学家、哲学家、艺术家、教育家一样有了自己独特的观察视角、洞察能力和艺术创造力，这是获得快乐和幸福的基本能力。